Formulaire de mathématiques

Dans la série Librio Mémo

Conjugaison française, Librio n° 470
Grammaire française, Librio n° 534
Difficultés du français, Librio n° 642
Dictées pour progresser, Librio n° 653
Conjugaison anglaise, Librio n° 558
Le calcul, Librio n° 595
Grammaire anglaise, Librio n° 601
Vocabulaire anglais courant, Librio n° 643
Conjugaison espagnole, Librio n° 644
Solfège, Librio n° 602
Dictionnaire de rimes, Librio n° 671
Le français est un jeu, Librio n° 672
Figures de style, Librio n° 710
Mouvements littéraires, Librio n° 711
Latin pour débutants, Librio n° 713
Le dico de l'info, Librio n° 743
La cuisse de Jupiter, Librio n° 757
Maths pratiques, maths magiques, Librio n° 763
Le dico de la philo, Librio n° 767
Adolescence, mode d'emploi, Librio n° 768
La géométrie, Librio n° 771
Le mot juste, Librio n° 772
Chronologie universelle, Librio n° 773

Alain Gastineau

Formulaire de mathématiques

Librio

Inédit

SOMMAIRE

ALGÈBRE

ANALYSE

GÉOMÉTRIE

LES PROBABILITÉS

L'ARITHMÉTIQUE*

LES GRAPHES**

LES STATISTIQUES

* Uniquement en spécialité de la Terminale S

* * Uniquement en spécialité de la Terminale ES

ALGÈBRE

I. Le calcul algébrique

1. *Les ensembles et les sous-ensembles de nombres*

Définitions

$\mathbb{N}$ désigne l'ensemble des entiers naturels.
$\mathbb{Z}$ désigne l'ensemble des entiers relatifs.
$\mathbb{Q}$ désigne l'ensemble des nombres rationnels.
$\mathbb{R}$ désigne l'ensemble des nombres réels.
$\mathbb{C}$ désigne l'ensemble des nombres complexes.

$\mathbb{R}^*$ désigne l'ensemble des nombres réels non nuls.
$\mathbb{R}_+$ désigne l'ensemble des nombres réels positifs.
$\mathbb{R}_-$ désigne l'ensemble des nombres réels négatifs.
$\mathbb{R}_+^*$ désigne l'ensemble des nombres réels strictement positifs.
$\mathbb{R}_-^*$ désigne l'ensemble des nombres réels strictement négatifs.

Propriété

$$\boxed{\mathbb{N} \subset \mathbb{Z} \subset \mathbb{Q} \subset \mathbb{R} \subset \mathbb{C}}$$

Définitions

- L'intervalle fermé $\left[a;b\right]$ est l'ensemble des réels x tels que $a \leq x \leq b$.
- L'intervalle ouvert $\left]a;b\right[$ est l'ensemble des réels x tels que $a < x < b$.
- L'intervalle $\left[a;b\right[$ est l'ensemble des réels x tels que $a \leq x < b$.
- L'intervalle $\left[a;+\infty\right[$ est l'ensemble des réels x tels que $a \leq x$.
- L'intervalle $\left]-\infty;a\right[$ est l'ensemble des réels x tels que $x < a$.

Remarques : $b-a$ est l'**amplitude** de l'intervalle $\left[a;b\right]$.

a et b sont les **extrémités** et $\dfrac{a+b}{2}$ est le **centre** de l'intervalle.

2. *Les règles du calcul dans* $\mathbb{R}$

Les puissances

Pour tous réels a et b non nuls, pour tous entiers relatifs m et n,

$$a^n \times a^m = a^{n+m} \qquad \left(a^n\right)^m = a^{nm}$$

$$(a\times b)^n = a^n \times b^n \qquad \left(\frac{a}{b}\right)^n = \frac{a^n}{b^n}$$

$$\frac{a^m}{a^n} = a^{m-n} \qquad a^{-n} = \frac{1}{a^n}$$

Remarque : si $a \neq 0$ alors $a^0 = 1$.

Les fractions

$$\frac{a}{c}+\frac{b}{c}=\frac{a+b}{c} \qquad (c\neq 0)$$

$$\frac{a}{c}-\frac{b}{c}=\frac{a-b}{c} \qquad (c\neq 0)$$

$$\frac{a}{b}\times\frac{c}{d}=\frac{ac}{bd} \qquad (b\neq 0 \text{ et } d\neq 0)$$

$$a\times\frac{c}{d}=\frac{ac}{d} \qquad (d\neq 0)$$

$$\frac{a}{b}:\frac{c}{d}=\frac{ad}{bc} \qquad \left(b\neq 0, c\neq 0 \text{ et } d\neq 0\right)$$

Simplifications de fractions

Pour tous entiers relatifs a, b et k $(k\neq 0 \text{ et } b\neq 0)$, $\boxed{\dfrac{ka}{kb}=\dfrac{a}{b}}$.

Fraction irréductible

La fraction $\dfrac{a}{b}$ est irréductible si, et seulement si, $\mathrm{PGCD}(a,b)=1$.

Les identités remarquables

Pour tous réels a, b et c,

$$(a+b)^2 = a^2 + 2ab + b^2$$
$$(a-b)^2 = a^2 - 2ab + b^2$$
$$(a+b)(a-b) = a^2 - b^2$$
$$(a+b)^3 = a^3 + 3a^2b + 3ab^2 + b^3$$
$$(a-b)^3 = a^3 - 3a^2b + 3ab^2 - b^3$$
$$a^3 + b^3 = (a+b)\left(a^2 - ab + b^2\right)$$
$$a^3 - b^3 = (a-b)\left(a^2 + ab + b^2\right)$$
$$(a+b+c)^2 = a^2 + b^2 + c^2 + 2ab + 2ac + 2bc$$

Les racines carrées

Soit a un nombre réel positif. $\sqrt{a}$ est le réel positif dont le carré est a.

Propriétés

- Pour tout réel a, $\boxed{\sqrt{a^2} = |a|}$.
- Pour tout réel positif a, $\boxed{\left(\sqrt{a}\right)^2 = a}$.
- Pour tous les réels positifs a et b, $$\boxed{\begin{array}{l} \sqrt{a} \times \sqrt{b} = \sqrt{ab} \\ \dfrac{\sqrt{a}}{\sqrt{b}} = \sqrt{\dfrac{a}{b}} \quad (b \neq 0) \\ \left(\sqrt{a}\right)^n = \sqrt{a^n} \quad \left(n \in \mathbb{N}^*\right) \end{array}}$$.

Remarque : pour tous réels a et b strictement positifs, on a :
$\sqrt{a+b} \neq \sqrt{a} + \sqrt{b}$.

3. *Ordre et valeur absolue*

Propriétés des inégalités

Pour tous réels a, b, c et d,

- Si $a \leq b$ alors $a + c \leq b + c$.
- Si $a \leq b$ et $c \geq 0$ alors $a \times c \leq b \times c$.
- Si $a \leq b$ et $c \leq 0$ alors $a \times c \geq b \times c$.
- Si $a \leq b$ et $c \leq d$ alors $a + c \leq b + d$.
- Si $0 \leq a \leq b$ et $0 \leq c \leq d$ alors $a \times c \leq b \times d$.
- Si $0 < a < b$ alors $0 < \frac{1}{b} < \frac{1}{a}$.
- Si $a < b < 0$ alors $\frac{1}{b} < \frac{1}{a} < 0$.
- Si $0 \leq a \leq 1$ alors $0 \leq a^3 \leq a^2 \leq a \leq \sqrt{a} \leq 1$.
- Si $a \geq 1$ alors $1 \leq \sqrt{a} \leq a \leq a^2 \leq a^3$.

Valeur absolue

La valeur absolue d'un réel a égale le plus grand des deux nombres a et $-a$. Autrement dit, $\boxed{|a| = \text{Max}\{-a\,;a\}}$.

Propriétés

$$\boxed{|a| = \begin{cases} a \text{ si } a \geq 0 \\ -a \text{ si } a < 0 \end{cases}} \qquad \boxed{\begin{array}{c} |ab| = |a| \times |b| \\ \left|\frac{a}{b}\right| = \frac{|a|}{|b|} \ (b \neq 0) \end{array}}.$$

Définition

La distance entre deux réels a et b est la valeur absolue de la différence des deux nombres. On écrit $\boxed{d(a,b) = |a - b|}$.

Inégalité et valeur absolue

$$\boxed{\big||a| - |b|\big| \leq |a + b| \leq |a| + |b|}$$

Soit a un réel positif.

$$|x| = a \Leftrightarrow (x = a \text{ ou } x = -a)$$

$$|x| \leq a \Leftrightarrow -a \leq x \leq a$$

$$|x| \geq a \Leftrightarrow (x \geq a \text{ ou } x \leq -a)$$

Valeur approchée

On dit que b est une **valeur approchée** de a à ε près $(\varepsilon > 0)$ lorsque $b-\varepsilon \leq a \leq b+\varepsilon$ ou $|a-b| \leq \varepsilon$.

4. *Les équations et les inéquations*

Les équations du premier degré à une inconnue

Résolution de l'équation $ax+b=0$:

- Si $a \neq 0$ alors l'équation admet une unique solution $x=-\dfrac{b}{a}$.
- Si $a=0$ alors :
  - Si $b \neq 0$, l'équation n'a pas de solution
  - Si $b=0$, l'équation admet une infinité de solutions (tout nombre réel).

Les équations du second degré à une inconnue

Résolution, dans $\mathbb{R}$, de l'équation $ax^2+bx+c=0 \quad (a \neq 0)$:

On pose $\Delta = b^2-4ac$; Δ est le **discriminant** du trinôme.

- Si $\Delta > 0$ alors l'équation admet deux solutions distinctes :

$$\boxed{x'=\frac{-b+\sqrt{\Delta}}{2a}} \text{ et } \boxed{x''=\frac{-b-\sqrt{\Delta}}{2a}}.$$

- Si $\Delta = 0$ alors l'équation admet une unique solution :

$$\boxed{x'=x''=\frac{-b}{2a}}.$$

- Si $\Delta < 0$ alors l'équation n'a pas de solution dans $\mathbb{R}$.

Remarque : Pour $\Delta \geq 0$, on a : $x'+x''=-\dfrac{b}{a}$ et $x'x''=\dfrac{c}{a}$.

La somme des racines du trinôme égale $-\dfrac{b}{a}$ et le produit des racines égale $\dfrac{c}{a}$.

Signe du binôme du premier degré

$$P(x) = ax + b \ (a \neq 0) :$$

$P(x)$ a le signe de a lorsque x est strictement supérieur à $-\frac{b}{a}$ et $P(x)$ a le signe de $-a$ lorsque x est strictement inférieur à $-\frac{b}{a}$.

Signe du trinôme du second degré

$P(x) = ax^2 + bx + c \ (a \neq 0)$. On pose $\Delta = b^2 - 4ac$.

- Si $\Delta > 0$ alors $P(x)$ a le signe de a lorsque x prend des valeurs à l'extérieur des racines du trinôme et il a le signe de $-a$ lorsque x prend des valeurs comprises entre les deux racines.
- Si $\Delta = 0$ alors $P(x)$ a le signe de a lorsque x est différent de la racine $-\frac{b}{2a}$.
- Si $\Delta < 0$ alors $P(x)$ a le signe de a pour tout réel x.

II. La trigonométrie

Théorème

Pour passer des radians aux degrés, on multiplie par $\frac{180}{\pi}$.

Pour passer des degrés aux radians, on multiplie par $\frac{\pi}{180}$.

Longueur d'un arc

Soit un cercle de rayon r. Un angle au centre de mesure θ (en radians) intercepte un arc de cercle de longueur θr.

Aire d'un secteur circulaire

Soit un cercle de rayon r. Un angle au centre de mesure θ (en radians) détermine un secteur circulaire d'aire $\frac{1}{2}\theta r^2$.

Les fonctions circulaires

Les fonctions sinus et cosinus, définies sur $\mathbb{R}$, sont périodiques de période 2π .

$$\boxed{\cos(x+2\pi)=\cos(x)}$$

$$\boxed{\sin(x+2\pi)=\sin(x)}$$

La fonction tangente, définie sur $\mathbb{R}-\left\{\frac{\pi}{2}+k\pi\,;k\in\mathbb{Z}\right\}$, est périodique de période π .

$$\boxed{\tan(x+\pi)=\tan(x)}.$$

Les fonctions sinus et cosinus sont minorées par -1 et majorées par 1 .

$$\boxed{-1\leq\sin(x)\leq 1}$$

$$\boxed{-1\leq\cos(x)\leq 1}$$

Relation fondamentale : $\boxed{\cos^2(x)+\sin^2(x)=1}$.

Les fonctions sinus et tangente sont impaires.

$$\boxed{\sin(-x)=-\sin(x)}$$

$$\boxed{\tan(-x)=-\tan(x)}$$

La fonction cosinus est une fonction paire.

$$\boxed{\cos(-x)=\cos(x)}$$

Valeurs remarquables

x	0	$\frac{\pi}{6}$	$\frac{\pi}{4}$	$\frac{\pi}{3}$	$\frac{\pi}{2}$	π
$\cos(x)$	1	$\frac{\sqrt{3}}{2}$	$\frac{\sqrt{2}}{2}$	$\frac{1}{2}$	0	-1
$\sin(x)$	0	$\frac{1}{2}$	$\frac{\sqrt{2}}{2}$	$\frac{\sqrt{3}}{2}$	1	0
$\tan(x)$	0	$\frac{\sqrt{3}}{3}$	1	$\sqrt{3}$	Non définie	0

Formules

$$\cos(\pi - x) = -\cos(x) \qquad \sin(\pi - x) = \sin(x)$$

$$\cos(\pi + x) = -\cos(x) \qquad \sin(\pi + x) = -\sin(x)$$

$$\cos\left(\frac{\pi}{2} - x\right) = \sin(x) \qquad \sin\left(\frac{\pi}{2} - x\right) = \cos(x)$$

$$\cos\left(\frac{\pi}{2} + x\right) = -\sin(x) \qquad \sin\left(\frac{\pi}{2} + x\right) = \cos(x)$$

$$\tan(\pi - x) = -\tan(x)$$

Formules d'addition

$$\cos(a + b) = \cos(a)\cos(b) - \sin(a)\sin(b)$$

$$\cos(a - b) = \cos(a)\cos(b) + \sin(a)\sin(b)$$

$$\sin(a + b) = \sin(a)\cos(b) + \sin(b)\cos(a)$$

$$\sin(a - b) = \sin(a)\cos(b) - \sin(b)\cos(a)$$

$$\tan(a + b) = \frac{\tan(a) + \tan(b)}{1 - \tan(a)\tan(b)} \; ; \; \tan(a - b) = \frac{\tan(a) - \tan(b)}{1 + \tan(a)\tan(b)}$$

Formules de duplication

$$\cos(2x) = \cos^2(x) - \sin^2(x)$$

$$\cos(2x) = 2\cos^2(x) - 1$$

$$\cos(2x) = 1 - 2\sin^2(x)$$

$$\sin(2x) = 2\cos(x)\sin(x)$$

$$\tan(2x) = \frac{2\tan(x)}{1 - \tan^2(x)}$$

Linéarisation

$$\cos^2(x) = \frac{1 + \cos(2x)}{2}$$

$$\sin^2(x) = \frac{1 - \cos(2x)}{2}$$

Les coordonnées polaires

On munit le plan d'un repère orthonormé $\left(O,\vec{i},\vec{j}\right)$. On appelle **coordonnées polaires** de M, différent de O, tout couple de réels (ρ,θ), $\rho > 0$, tel que $OM = \rho$ et θ est une mesure de l'angle $\left(\vec{i},\overrightarrow{OM}\right)$.

III. Les nombres complexes

1. *Généralités*

On note $\mathbb{C}$ l'ensemble des nombres complexes. Il contient un élément, noté i, tel que $i^2 = -1$.

La forme algébrique

$z = a + ib$ avec a et b réels

Partie réelle de z : $\mathrm{Re}(z) = a$

Partie imaginaire de z : $\mathrm{Im}(z) = b$

La forme trigonométrique

$z = \rho\left(\cos(\theta) + i\sin(\theta)\right)$ avec ρ réel strictement positif.

La forme exponentielle

$z = \rho e^{i\theta}$ avec ρ réel strictement positif.

2. *Les opérations*

Pour tous réels a, b, a' et b',

$$(a+ib)+(a'+ib') = (a+a')+i(b+b').$$

$$(a+ib)-(a'+ib') = (a-a')+i(b-b')$$

$$(a+ib)\times(a'+ib') = (aa'-bb')+i(ab'+ba')$$

$$\frac{1}{a+ib} = \frac{a}{a^2+b^2} - i\frac{b}{a^2+b^2} \qquad (a,b) \neq (0,0)$$

$$\frac{a+ib}{a'+ib'} = \frac{aa'+bb'}{a'^2+b'^2} + i\frac{ba'-ab'}{a'^2+b'^2} \qquad (a',b') \neq (0,0)$$

3. *La conjugaison*

Définition

Soit $z = a + ib$ avec a et b réels. On appelle **conjugué** de z le nombre complexe $\boxed{\bar{z} = a - ib}$.

Propriétés

$$\overline{z + z'} = \bar{z} + \bar{z}'$$
$$\overline{zz'} = \bar{z} \times \bar{z}'$$
$$\overline{\left(\frac{z}{z'}\right)} = \frac{\bar{z}}{\bar{z}'} \quad (z' \neq 0)$$
$$\overline{z^n} = \bar{z}^n \quad (n \in \mathbb{N})$$
$$\overline{(\bar{z})} = z$$

$$(z \in \mathbb{R}) \Leftrightarrow (z = \bar{z})$$
$$(z \in \mathbb{R}i) \Leftrightarrow (z = -\bar{z})$$

4. *Le module de z*

Définition

Soit $z = a + ib$ avec a et b réels. On appelle **module** de z le réel $\sqrt{a^2 + b^2}$. On écrit $\boxed{|z| = \sqrt{a^2 + b^2}}$.

Propriétés

$$|zz'| = |z||z'|$$
$$\left|\frac{z}{z'}\right| = \frac{|z|}{|z'|} \quad (z' \neq 0)$$
$$|z^n| = |z|^n \quad (n \in \mathbb{N})$$
$$|z + z'| \leq |z| + |z'|$$

$$|z|^2 = z\bar{z}$$
$$|\bar{z}| = |z|$$

5. *Un argument de z non nul*

Définition

On munit le plan d'un repère orthonormé $\left(O, \vec{u}, \vec{v}\right)$.

Soit z un nombre complexe non nul et M le point d'affixe z.

On appelle **argument** de z une mesure de l'angle $\left(\vec{u},\overrightarrow{OM}\right)$.

On écrit $\boxed{\arg(z) = \left(\vec{u},\overrightarrow{OM}\right)\ [2\pi]}$.

Propriétés

Pour tous nombres complexes non nuls z et z',

$$\boxed{\begin{array}{l} \arg(zz') = \arg(z) + \arg(z')\ [2\pi] \\ \arg\left(\dfrac{1}{z}\right) = -\arg(z)\ [2\pi] \\ \arg\left(\dfrac{z}{z'}\right) = \arg(z) - \arg(z')\ [2\pi] \\ \arg(z^n) = n\arg(z)\ [2\pi]\ \ (n \in \mathbb{N}) \end{array}}$$

$$\boxed{\begin{array}{l} \arg(\overline{z}) = -\arg(z)\ [2\pi] \\ \arg(-z) = \pi + \arg(z)\ [2\pi] \end{array}}$$

$$\boxed{\begin{array}{l} \left(z \in \mathbb{R}^*\right) \Leftrightarrow \left(\arg(z) = 0\ [\pi]\right) \\ \left(z \in \mathbb{R}^*_+\right) \Leftrightarrow \left(\arg(z) = 0\ [2\pi]\right) \\ \left(z \in \mathbb{R}^*_-\right) \Leftrightarrow \left(\arg(z) = \pi\ [2\pi]\right) \\ \left(z \in \mathbb{R}^* i\right) \Leftrightarrow \left(\arg(z) = \dfrac{\pi}{2}\ [\pi]\right) \end{array}}$$

Forme trigonométrique

La **forme trigonométrique** de $z \neq 0$ est $z = \rho(\cos\theta + i\sin\theta)$ où ρ est un réel strictement positif et θ un réel.

ρ est le module de z et θ est un argument de z.

Si $z = a + ib$ est la forme algébrique de z alors :

$\boxed{\rho = \sqrt{a^2 + b^2}}$ et $\boxed{\cos\theta = \dfrac{a}{\sqrt{a^2+b^2}}\ ,\ \ \sin\theta = \dfrac{b}{\sqrt{a^2+b^2}}}$.

6. *La notation exponentielle*

Définition

Pour tout réel θ, on pose $e^{i\theta} = \cos(\theta) + i\sin(\theta)$.

Propriétés

$$\left|e^{i\theta}\right| = 1 \qquad \arg\left(e^{i\theta}\right) = \theta\ [2\pi]$$

$$e^{i0} = 1 \qquad e^{i\pi} = -1 \qquad e^{i\frac{\pi}{2}} = i \qquad e^{-i\frac{\pi}{2}} = -i$$

$$e^{i\theta}e^{i\theta'} = e^{i(\theta+\theta')}$$

$$e^{-i\theta} = \frac{1}{e^{i\theta}}$$

$$\frac{e^{i\theta}}{e^{i\theta'}} = e^{i(\theta-\theta')}$$

$$\left(e^{i\theta}\right)^n = e^{in\theta} \quad (n \in \mathbb{N})$$

Les formules d'Euler

$$\cos(\theta) = \frac{e^{i\theta} + e^{-i\theta}}{2}$$

$$\sin(\theta) = \frac{e^{i\theta} - e^{-i\theta}}{2i}$$

Les formules de Moivre

Pour tout réel θ et pour tout entier naturel n,

$$[\cos(\theta) + i\sin(\theta)]^n = \cos(n\theta) + i\sin(n\theta)$$

$$[\cos(\theta) - i\sin(\theta)]^n = \cos(n\theta) - i\sin(n\theta)$$

Remarque : Autrement dit $\left(e^{i\theta}\right)^n = e^{in\theta}$; $\left(e^{-i\theta}\right)^n = e^{-in\theta}$.

7. *Les équations du second degré à coefficients réels*

Théorème

On considère l'équation (E) : $az^2 + bz + c = 0$ (a, b et c réels, $a \neq 0$).

On note $\Delta = b^2 - 4ac$ le discriminant de l'équation.

- Si $\Delta > 0$ alors (E) admet deux solutions réelles $x' = \dfrac{-b+\sqrt{\Delta}}{2a}$ et $x'' = \dfrac{-b-\sqrt{\Delta}}{2a}$.

• Si $\Delta = 0$ alors (E) admet une unique solution réelle $x = \frac{-b}{2a}$.

• Si $\Delta < 0$ alors (E) admet deux solutions complexes conjuguées : $x' = \frac{-b + i\sqrt{-\Delta}}{2a}$ et $x'' = \frac{-b - i\sqrt{-\Delta}}{2a}$.

Remarque : la somme des solutions égale $-\frac{b}{a}$ et le produit des solutions égale $\frac{c}{a}$.

8. *Les nombres complexes et la géométrie*

Le plan est muni d'un repère orthonormé $\left(O, \vec{u}, \vec{v}\right)$.
Soit A, B, C et D d'affixes respectives z_A, z_B, z_C et z_D.

Formules fondamentales

$$\boxed{z_{\overrightarrow{AB}} = z_B - z_A}$$

$$\boxed{AB = |z_B - z_A|}$$

$$\boxed{\left(\overrightarrow{AB}, \overrightarrow{CD}\right) = \arg\left(\frac{z_D - z_C}{z_B - z_A}\right) \ [2\pi] \quad (A \neq B \text{ et } C \neq D)}.$$

$$\boxed{\left(I = m(A,B)\right) \Leftrightarrow \left(z_I = \frac{z_A + z_B}{2}\right)}$$

• La médiatrice de $[AB]$ est l'ensemble des points M d'affixe z tels que $\boxed{|z - z_A| = |z - z_B|}$.

• Le cercle de centre Ω d'affixe ω et de rayon r est l'ensemble des points M d'affixe z tels que $\boxed{|z - \omega| = r}$.

• Le cercle de centre Ω d'affixe ω et de rayon r est l'ensemble des points M d'affixe z tels que $\boxed{z = \omega + re^{i\theta}}$ $(\theta \in \mathbb{R})$.

Les transformations du plan

Soit f la transformation du plan qui, à tout point M d'affixe z, associe le point M' d'affixe z'.

• f est la translation de vecteur d'affixe b si, et seulement si, $z' = z + b$.

• f est l'homothétie de centre Ω d'affixe ω et de rapport k $\left(k \in \mathbb{R}^*\right)$ si, et seulement si, $z' - \omega = k(z - \omega)$.

• f est la rotation de centre Ω d'affixe ω et d'angle θ si, et seulement si, $z' - \omega = e^{i\theta}(z - \omega)$.

ANALYSE

I. Les fonctions

1. *Les généralités*

Définition

On dit que f est une fonction de $\mathbb{R}$ vers $\mathbb{R}$ si tout réel x a pour image par f au plus un nombre réel.

Remarque : $y = f(x)$ est l'**image** de x par f, x est un **antécédent** de y.

L'ensemble de définition de la fonction f est le sous-ensemble de $\mathbb{R}$, noté E_f, constitué des éléments qui ont une image.

Définitions

f est **majorée** par le réel M si, et seulement si, pour tout x appartenant à E_f, $f(x) \leq M$. M est un **majorant** de f sur I.

f est **minorée** par le réel m si, et seulement si, pour tout x appartenant à E_f, $m \leq f(x)$. m est un **minorant** de f sur I

f est **bornée** si, et seulement si, elle est minorée et majorée.

2. *Les extremums*

Définitions

Soit f définie sur I et a un élément de I. f admet en a un **maximum** sur I (respectivement un **minimum**) si, pour tout x appartenant à I, $f(x) \leq f(a)$ (respectivement $f(a) \leq f(x)$).

Remarque : On dit que f atteint un maximum (respectivement un minimum) en a qui vaut $f(a)$.

Soit f définie sur I et a un élément de I. f admet en a un **maximum local** (respectivement un **minimum local**) s'il existe un intervalle ouvert de I contenant a tel que, pour tout x de cet intervalle, $f(x) \leq f(a)$ (respectivement $f(a) \leq f(x)$).

3. *Les éléments de symétrie de la courbe*

Le graphe

Soit $\left(O, \vec{i}, \vec{j}\right)$ un repère du plan. On appelle **représentation graphique** de f, notée C_f, l'ensemble des points $M\left(x, f(x)\right)$ où x appartient à E_f.

Définitions

On dit que f est une **fonction paire** si E_f est symétrique par rapport à 0 et si, pour tout x appartenant à E_f, $\boxed{f(x) = f(-x)}$.
Remarque : Si le repère est orthogonal alors C_f admet l'axe des ordonnées comme axe de symétrie.

On dit que f est une **fonction impaire** si E_f est symétrique par rapport à 0 et si, pour tout x appartenant à E_f, $\boxed{f(-x) = -f(x)}$.
Remarque : C_f admet le point O comme centre de symétrie.

Axe de symétrie

Si E_f est symétrique par rapport à a et si, pour tout x appartenant à E_f, $\boxed{f(2a - x) = f(x)}$ alors C_f admet la droite d'équation $x = a$ comme axe de symétrie.

Centre de symétrie

Si E_f est symétrique par rapport à a et si, pour tout x appartenant à E_f, $\boxed{f(2a - x) + f(x) = 2b}$ alors C_f admet le point $\Omega\left(a, b\right)$ comme centre de symétrie.

Fonction périodique

La fonction f définie sur $\mathbb{R}$ est **périodique** de période T si, et seulement si, pour tout réel x, $\boxed{f(x+T)=f(x)}$.

Remarque : Si f est périodique de période T alors C_f est invariante dans toute translation de vecteur $kT\vec{i}$ où $k \in \mathbb{Z}$.

4. *Les variations d'une fonction*

Définitions

Une fonction f est **croissante** (respectivement **décroissante**) sur un intervalle I si, et seulement si, pour tous les réels a et b de I vérifiant $a<b$, on a : $f(a) \leq f(b)$ (respectivement $f(a) \geq f(b)$).

Remarque : Les réels a, b et leurs images sont rangés sont rangés dans le même ordre (respectivement dans un ordre contraire).

Une fonction f est **strictement croissante** (respectivement **strictement décroissante**) sur un intervalle I si, et seulement si, pour tous les réels a et b de I vérifiant $a<b$, on a : $f(a)<f(b)$ (respectivement $f(a)>f(b)$).

Une fonction f est **constante** sur I si, et seulement si, pour tous les réels a et b de I, on a $f(a)=f(b)$.

Le **taux de variation** de f entre a et b est le réel $\dfrac{f(b)-f(a)}{b-a}$.

Théorème

La fonction f est croissante (respectivement décroissante) sur l'intervalle I si, et seulement si, le taux de variation entre deux réels distincts quelconques de I est positif (respectivement négatif).

5. *Les limites*

a désigne $+\infty$ ou bien $-\infty$ ou bien un réel x_0.
On suppose que f est définie au voisinage de a.

Définitions

On dit que f tend vers $+\infty$ quand x tend vers a si, pour tout réel M, l'intervalle $\left[M;+\infty\right[$ contient tous les réels $f(x)$ pour x suffisamment proche de a.

On écrit $\boxed{\lim_{x\to a} f(x) = +\infty}$ ou $\boxed{\lim_{a} f = +\infty}$.

On dit que f tend vers $-\infty$ quand x tend vers a si, pour tout réel M, l'intervalle $\left]-\infty;M\right]$ contient tous les réels $f(x)$ pour x suffisamment proche de a.

On écrit $\boxed{\lim_{x\to a} f(x) = -\infty}$ ou $\boxed{\lim_{a} f = -\infty}$.

On dit que f tend vers l quand x tend vers a si tout intervalle ouvert contenant l contient tous les réels $f(x)$ pour x suffisamment proche de a.

On écrit $\boxed{\lim_{x\to a} f(x) = l}$ ou $\boxed{\lim_{a} f = l}$.

On dit que f tend vers l quand x tend vers a par valeurs supérieures (resp. inférieures) lorsque la restriction de f à un intervalle du type $\left]a;b\right[$ (resp. $\left]b;a\right[$) admet l comme limite quand x tend vers a. On écrit $\boxed{\lim_{\substack{x\to a\\ x>a}} f(x) = l}$ ou $\boxed{\lim_{a^+} f = l}$ (resp. $\boxed{\lim_{\substack{x\to a\\ x<a}} f(x) = l}$ ou $\boxed{\lim_{a^-} f = l}$).

Théorème

- **La limite d'une fonction polynôme** en $\pm\infty$ égale celle de son monôme de plus haut degré.

• **La limite d'une fonction rationnelle** en $\pm\infty$ égale celle du rapport des monômes de plus haut degré.

Limites et opérations

Limites de la somme de deux fonctions

Si $\lim\limits_{x \to a} f(x) =$	l	l	$+\infty$	$-\infty$	$+\infty$
et si $\lim\limits_{x \to a} g(x) =$	l'	$\pm\infty$	$+\infty$	$-\infty$	$-\infty$
alors $\lim\limits_{x \to a} (f+g)(x) =$	$l+l'$	$\pm\infty$	$+\infty$	$-\infty$	?

Limites du produit de deux fonctions

Si $\lim\limits_{x \to a} f(x) =$	l	$l \neq 0$	0	$\pm\infty$
et si $\lim\limits_{x \to a} g(x) =$	l'	$\pm\infty$	$\pm\infty$	$\pm\infty$
alors $\lim\limits_{x \to a} (fg(x)) =$	$l \times l'$	$\pm\infty$	?	$\pm\infty$

Limite du quotient de deux fonctions

Si $\lim\limits_{x \to a} f(x) =$	l	$l \neq 0$	$\pm\infty$	$\pm\infty$	0
et si $\lim\limits_{x \to a} g(x) =$	$l' \neq 0$	0	l'	$\pm\infty$	0
alors $\lim\limits_{x \to a} \left(\dfrac{f}{g}\right)(x) =$	$\dfrac{l}{l'}$	$\pm\infty$	$\pm\infty$	?	?

La composée de deux fonctions

Soit f une fonction définie sur I et g une fonction définie sur J contenant $f(I)$. La **composée** de f et g, notée $g \circ f$, est la fonction définie sur I par $\boxed{(g \circ f)(x) = g[f(x)]}$.

Limite d'une fonction composée

a, b et c désignent un réel ou bien $+\infty$ ou bien $-\infty$.

$$\left.\begin{array}{l}\lim\limits_{x\to a} f(x)=b \\ \lim\limits_{x\to b} g(x)=c\end{array}\right\} \lim\limits_{x\to a}(g\circ f)(x)=c \quad .$$

Les théorèmes de comparaison

- a désigne un réel ou bien $+\infty$ ou bien $-\infty$.

Soit f et g deux fonctions définies sur I, voisinage de a. Si, pour tout x appartenant à I, $f(x) \geq g(x)$ (resp. $f(x) \leq g(x)$) et $\lim\limits_{x\to a} g(x)=+\infty$ (resp. $\lim\limits_{x\to a} g(x)=-\infty$) alors $\lim\limits_{x\to a} f(x)=+\infty$ (resp. $\lim\limits_{x\to a} f(x)=-\infty$).

- a désigne un réel ou bien $+\infty$ ou bien $-\infty$. l est un réel.

Soit f, g et h trois fonctions définies sur I, voisinage de a. Si, pour tout x appartenant à I, $g(x)\leq f(x)\leq h(x)$ avec $\lim\limits_{x\to a} g(x)=l$ et $\lim\limits_{x\to a} h(x)=l$ alors $\lim\limits_{x\to a} f(x)=l$.

Passage à la limite

a désigne un réel ou bien $+\infty$ ou bien $-\infty$. l et l' sont deux réels. Soit f et g deux fonctions définies sur I, voisinage de a. Si, pour tout x appartenant à I, $g(x)\leq f(x)$ et si $\lim\limits_{x\to a} g(x)=l$ et $\lim\limits_{x\to a} f(x)=l'$ alors $l\leq l'$.

6. *Les asymptotes*

Définition

Soit f une fonction définie sur un voisinage de $\pm\infty$.

- Si $\lim\limits_{x\to\pm\infty} f(x)=l$ alors C_f admet au voisinage de $\pm\infty$ une **asymptote horizontale** d'équation $y=l$.

- Si $\lim\limits_{x\to\pm\infty} [f(x)-(ax+b)]=0$ $(a\neq 0)$ alors C_f admet au voisinage de $\pm\infty$ une **asymptote oblique** d'équation $y=ax+b$.

Soit f une fonction définie sur un voisinage de x_0.

- Si $\lim\limits_{x\to x_0^+} f(x)=\pm\infty$ ou $\lim\limits_{x\to x_0^-} f(x)=\pm\infty$ alors C_f admet une **asymptote verticale** d'équation $x=x_0$.

Remarque : Les courbes C_f et C_g sont asymptotes en $\pm\infty$ lorsque $\lim\limits_{x\to\pm\infty} [f(x)-g(x)]=0$.

7. *La continuité*

Définitions

Soit f une fonction définie sur un intervalle contenant x_0.

f est continue en x_0 si, et seulement si, $\boxed{\lim\limits_{x \to x_0} f(x) = f(x_0)}$.

Une fonction est continue sur un intervalle I si elle est continue en tout point de I.

Théorème

Toute fonction dérivable sur I est continue sur I.

Théorème des valeurs intermédiaires

Soit f continue sur un intervalle I et a, b deux réels de I. Pour tout réel k compris entre $f(a)$ et $f(b)$ il existe au moins un réel c appartenant à I tel que $f(c) = k$. (f prend toutes les valeurs intermédiaires entre $f(a)$ et $f(b)$).

Corollaire

Soit f continue et strictement monotone sur $[a;b]$. Pour tout réel k compris entre $f(a)$ et $f(b)$, il existe un unique réel c appartenant à $[a;b]$ tel que $f(c) = k$.

Cas particulier : Soit f continue et strictement monotone sur $[a;b]$. Si $f(a)f(b) < 0$ alors l'équation $f(x) = 0$ admet une unique solution appartenant à $]a;b[$.

Extension : Soit f continue et strictement monotone sur $\left[a;b\right[$ avec $f(a) < 0$ et $\lim\limits_{x \to b^-} f(x) = +\infty$ alors l'équation $f(x) = 0$ admet une unique solution appartenant à $\left[a;b\right[$. On peut aussi étendre ce théorème aux intervalles $\left]a;b\right]$, $\left]a;b\right[$, $\left[a;+\infty\right[$,...

8. *La dérivabilité*

Définition

Soit f définie un intervalle I contenant x_0. Les trois définitions suivantes sont équivalentes.

- f est dérivable en x_0 si, et seulement si, $\lim\limits_{x \to x_0} \dfrac{f(x) - f(x_0)}{x - x_0}$ existe et est finie. Cette limite est alors le nombre dérivé de f en x_0. On le note $f'(x_0)$.

- f est dérivable en x_0 si, et seulement si, $\lim\limits_{h \to 0} \dfrac{f(x_0 + h) - f(x_0)}{h}$ existe et est finie. Cette limite est alors le nombre dérivé de f en x_0. On le note $f'(x_0)$.

- f est dérivable en x_0 si, et seulement si, pour tout réel h tel que $x_0 + h$ soit dans I, $f(x_0 + h) = f(x_0) + ah + h\varepsilon(h)$ avec $\lim\limits_{h \to 0} \varepsilon(h) = 0$. On a alors $f'(x_0) = a$. $f(x_0) + ah$ est l'**approximation affine** de f au voisinage de x_0.

Équation d'une tangente

Si f est dérivable en x_0 alors C_f admet au point d'abscisse x_0 une tangente d'équation : $\boxed{y = f'(x_0)(x - x_0) + f(x_0)}$

Remarque : Si $\lim\limits_{x \to x_0} \dfrac{f(x) - f(x_0)}{x - x_0} = \pm\infty$ alors C_f admet au point d'abscisse x_0 une tangente verticale.

Définition

Une fonction est dérivable sur un intervalle I si elle est dérivable en tout point de I.

Tableau des dérivées

$f(x)$	$f'(x)$	Ensemble de dérivabilité
a	0	$\mathbb{R}$
x	1	$\mathbb{R}$
x^n $n \in \mathbb{N} - \{0;1\}$	nx^{n-1}	$\mathbb{R}$
$\frac{1}{x^n}$ $n \in \mathbb{N}$	$-\frac{n}{x^{n+1}}$	$\mathbb{R}^*$
$\sqrt{x}$	$\frac{1}{2\sqrt{x}}$	$\mathbb{R}_+^*$
$\cos(x)$	$-\sin(x)$	$\mathbb{R}$
$\sin(x)$	$\cos(x)$	$\mathbb{R}$
$\tan(x)$	$\frac{1}{\cos^2(x)} = 1 + \tan^2(x)$	$\left]-\frac{\pi}{2} + k\pi ; \frac{\pi}{2} + k\pi\right[$ $k \in \mathbb{Z}$
$\ln(x)$	$\frac{1}{x}$	$\mathbb{R}_+^*$
e^x	e^x	$\mathbb{R}$
$a^x \ (a > 0)$	$a^x \ln(a)$	$\mathbb{R}$

Définition

On suppose f dérivable sur I. La dérivée seconde de f sur I est la fonction $(f')'$, on la note f''. Pour les dérivées d'ordre supérieur ou égal à 3, on écrit $f^{(n)}$.

Théorème

Si u et v sont dérivables sur I alors $u + v$ et uv sont dérivables sur I.

De plus $\boxed{(u+v)' = u' + v'}$ et $\boxed{(uv)' = u'v + uv'}$.

Théorème

Si u et v sont dérivables sur I et si v ne s'annule pas sur I

alors $\frac{u}{v}$ est dérivable sur I et $\boxed{\left(\frac{u}{v}\right)' = \frac{u'v - uv'}{v^2}}$.

En particulier : $\boxed{\left(\frac{1}{v}\right)' = -\frac{v'}{v^2}}$.

Dérivée d'une fonction composée

Si f est dérivable sur I et si g est dérivable sur J contenant $f(I)$ alors $g \circ f$ est dérivable sur I et $\boxed{(g \circ f)' = (g' \circ f) \times f'}$.

Conséquences :

si u est dérivable sur I alors :

- u^n ($n \in \mathbb{N}$) est dérivable sur I et $\boxed{(u^n)' = nu^{n-1}u'}$.
- e^u est dérivable sur I et $\boxed{(e^u)' = e^u}$.

si u est dérivable et ne s'annule pas sur I alors :

- $\frac{1}{u}$ est dérivable sur I et $\boxed{\left(\frac{1}{u}\right)' = -\frac{u'}{u^2}}$.
- $\frac{1}{u^n}$ ($n \in \mathbb{N}$) est dérivable sur I et $\boxed{\left(\frac{1}{u^n}\right)' = -\frac{nu'}{u^{n+1}}}$.

si u est dérivable et strictement positive sur I alors :

- $\sqrt{u}$ est dérivable sur I et $\boxed{(\sqrt{u})' = \frac{1}{2\sqrt{u}}u'}$.
- $\ln u$ est dérivable sur I et $\boxed{(\ln u)' = \frac{u'}{u}}$

Théorèmes

Soit f une fonction dérivable sur un intervalle I.

Si, pour tout x appartenant à I, $f'(x) > 0$ (respective-

ment $f'(x) < 0$) sauf éventuellement en un nombre fini de points où f' s'annule alors f est **strictement croissante** (respectivement **strictement décroissante**) sur I.
Si, pour tout x appartenant à I, $f'(x) = 0$ alors f est **constante** sur I.

Soit f une fonction dérivable sur un intervalle ouvert I et x_0 un réel de I. Si f admet en x_0 un extremum alors $f'(x_0) = 0$.
Conséquence : Si $f'(x_0) \neq 0$ alors $f(x_0)$ n'est pas un extremum.

Soit f une fonction dérivable sur un intervalle ouvert I et x_0 un réel de I. Si f' s'annule en x_0 en changeant de signe alors f admet en x_0 un extremum.

9. *Les fonctions usuelles*

Une fonction affine

$f : x \mapsto ax + b$, définie sur $\mathbb{R}$, est une fonction strictement croissante sur $\mathbb{R}$ lorsque $a > 0$, strictement décroissante si $a < 0$ et constante sur $\mathbb{R}$ si $a = 0$.

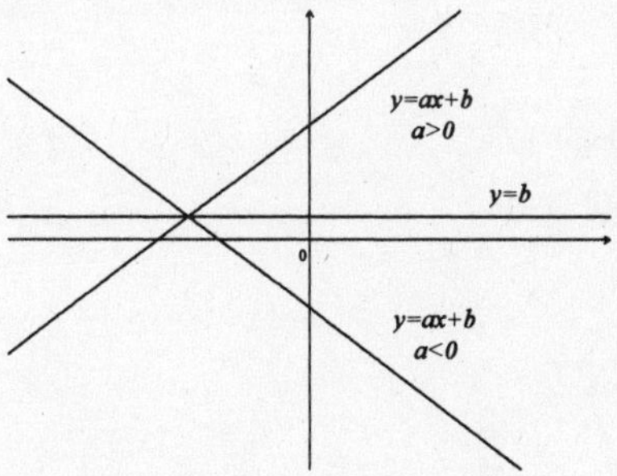

La fonction valeur absolue

$f : x \mapsto |x|$, définie sur $\mathbb{R}$, est une fonction paire strictement décroissante sur $]-\infty ; 0]$ et strictement croissante sur $[0 ; +\infty[$.

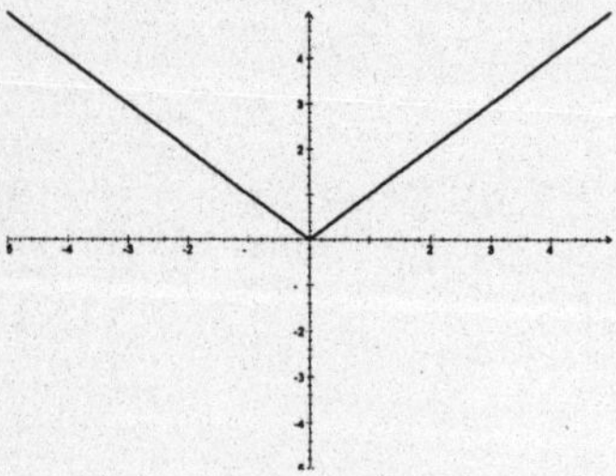

$$\lim_{x \to -\infty} f(x) = +\infty$$

$$\lim_{x \to +\infty} f(x) = +\infty$$

La fonction carrée

$f : x \mapsto x^2$, définie sur $\mathbb{R}$, est une fonction paire strictement décroissante sur $]-\infty ; 0]$ et strictement croissante sur $[0 ; +\infty[$.

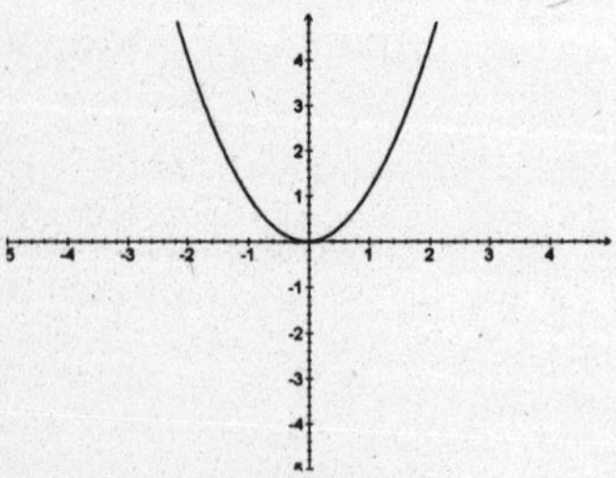

$$\lim_{x \to -\infty} f(x) = +\infty$$

$$\lim_{x \to +\infty} f(x) = +\infty$$

La fonction cube

$f : x \mapsto x^3$, définie sur $\mathbb{R}$, est une fonction impaire strictement croissante sur $\mathbb{R}$.

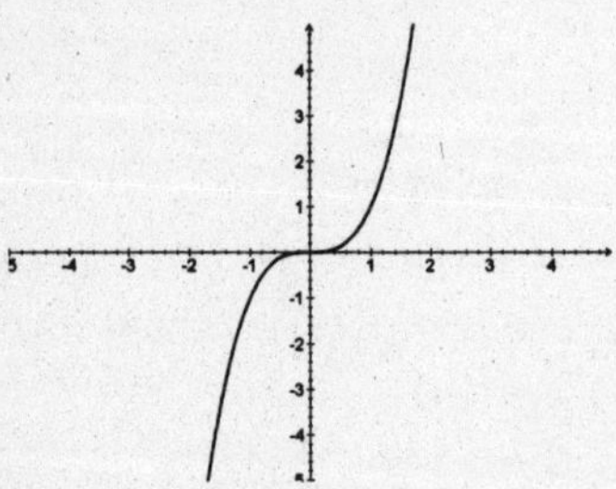

$$\lim_{x \to -\infty} f(x) = -\infty$$

$$\lim_{x \to +\infty} f(x) = +\infty$$

La fonction racine carrée

$f : x \mapsto \sqrt{x}$, définie sur $\mathbb{R}_+$, est une fonction strictement croissante sur $[0; +\infty[$.

Elle est continue en 0 mais n'est pas dérivable en 0.

C_f admet une tangente verticale au point d'abscisse 0.

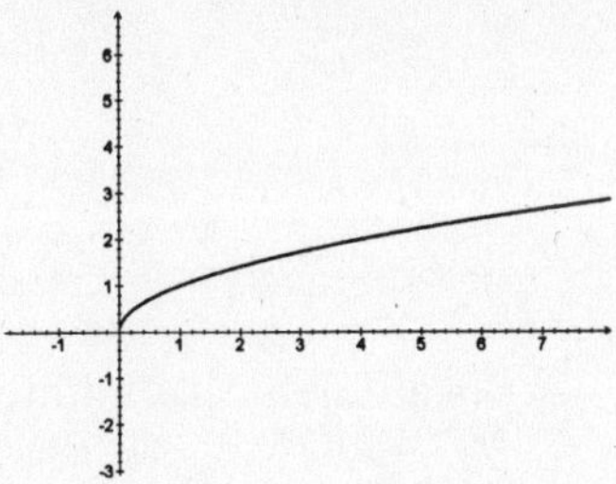

$$\lim_{x \to +\infty} f(x) = +\infty$$

La fonction inverse

$f : x \mapsto \frac{1}{x}$, définie sur $\mathbb{R}^*$, est une fonction impaire strictement décroissante sur $]-\infty; 0[$ et sur $]0; +\infty[$.

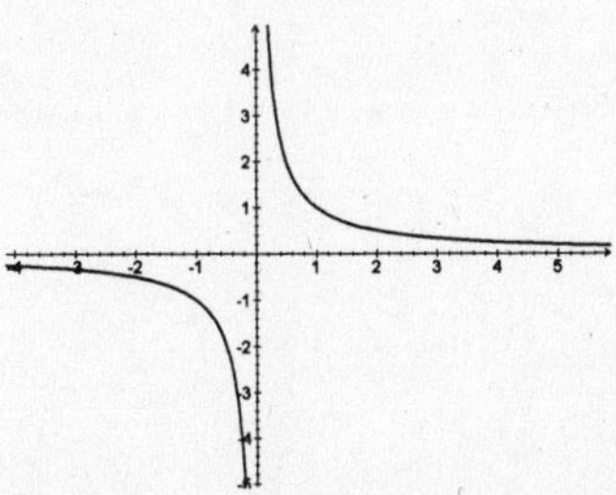

$$\lim_{x \to -\infty} f(x) = 0$$

$$\lim_{x \to +\infty} f(x) = 0$$

$$\lim_{x \to 0^-} f(x) = -\infty$$

$$\lim_{x \to 0^+} f(x) = +\infty$$

Les fonctions sinus et cosinus

La fonction cosinus est paire, périodique de période 2π.

La fonction sinus est impaire, périodique de période 2π.

Le graphe de la fonction sinus est l'image du graphe de la fonction cosinus par une translation de vecteur $\frac{\pi}{2}\vec{i}$.

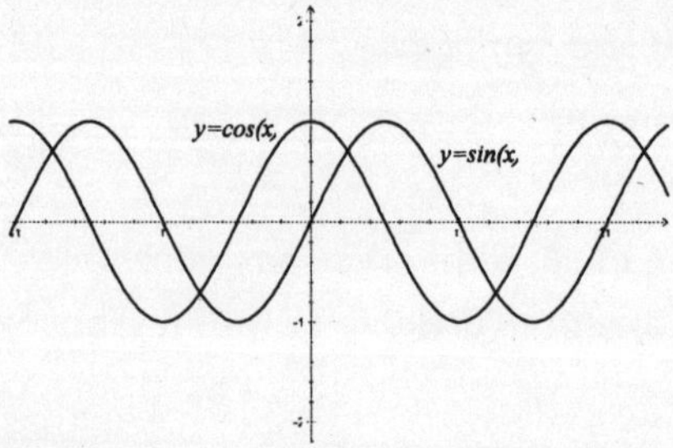

La fonction tangente

$\tan : x \mapsto \tan(x) = \dfrac{\sin(x)}{\cos(x)}$, définie sur $\left]-\dfrac{\pi}{2}+k\pi\,;\dfrac{\pi}{2}+k\pi\right[$ $(k \in \mathbb{Z})$,

est impaire, périodique de période π et strictement croissante sur tout intervalle de la forme $\left]-\dfrac{\pi}{2}+k\pi\,;\dfrac{\pi}{2}+k\pi\right[$.

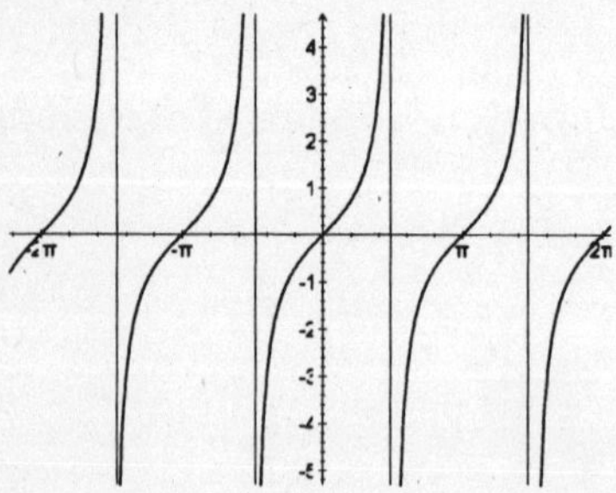

$$\boxed{\lim_{x \to \frac{\pi}{2}^-} \tan(x) = +\infty}$$

$$\boxed{\lim_{x \to -\frac{\pi}{2}^+} \tan(x) = -\infty}$$

La fonction partie entière

$E : x \mapsto E(x)$ où $E(x)$ est l'unique entier relatif qui vérifie :

$$\boxed{E(x) \le x < E(x)+1}\,.$$

$E(x)$ est le plus grand entier relatif inférieur ou égal à x.
Soit x_0 un entier relatif. E est discontinue en x_0.

E est continue sur $\left]x_0\,;x_0+1\right[$.

E est une fonction croissante sur $\mathbb{R}$.

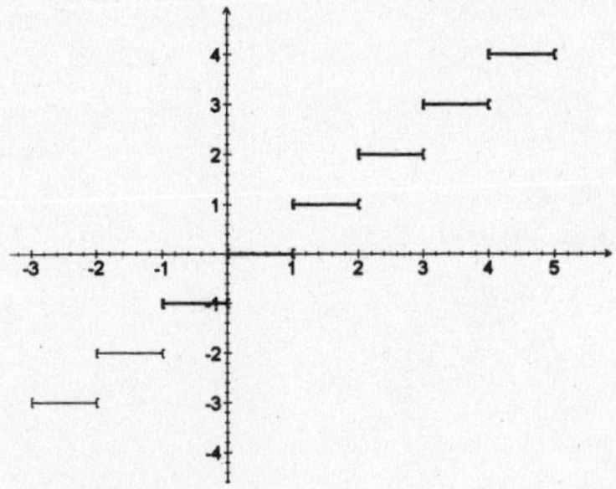

$$\boxed{\lim_{x \to x_0^-} E(x) = x_0 - 1}$$

$$\boxed{\lim_{x \to x_0^+} E(x) = x_0}$$

La fonction logarithme et la fonction exponentielle

Soit $\left(O, \vec{i}, \vec{j}\right)$ un repère orthonormé.
Le graphe de la fonction exponentielle et le graphe de la fonction logarithme sont symétriques par rapport à la droite d'équation $y = x$.
La fonction exponentielle est définie sur $\mathbb{R}$ et la fonction logarithme est définie sur $\left]0; +\infty\right[$.

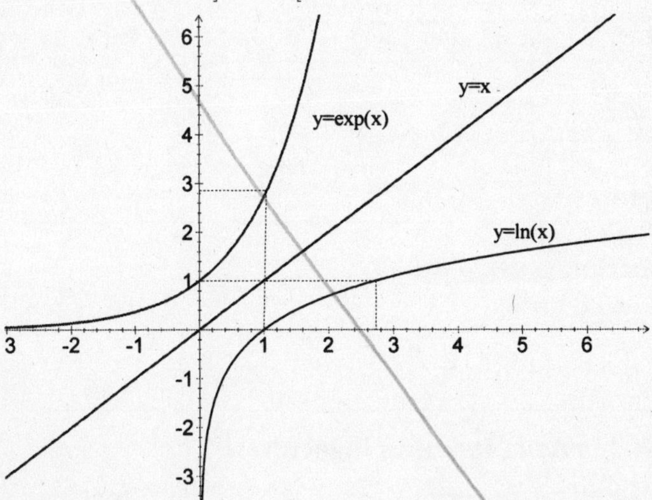

Définition

$\exp$ est l'unique solution de l'équation différentielle $y' = y$ avec la condition initiale $y(0) = 1$.

Propriétés

$$\boxed{\begin{cases} y = e^x \\ x \in \mathbb{R} \end{cases} \Leftrightarrow \begin{cases} x = \ln(y) \\ y \in \mathbb{R}_+^* \end{cases}}.$$

Pour tout $x > 0$, $e^{\ln(x)} = x$.
Pour tout réel x, $\ln(e^x) = x$.

Valeurs remarquables

$e \approx 2.718$, $\ln(1) = 0$, $\ln(e) = 1$, $e^0 = 1$, $e^1 = e$.

Propriétés de la fonction exponentielle

- La fonction exponentielle est une fonction strictement croissante sur $\mathbb{R}$.
- Pour tout réel x, $\boxed{e^x > 0}$.
- Pour tous réels x et y :

$$\boxed{e^x e^y = e^{x+y}}, \quad \boxed{\frac{1}{e^x} = e^{-x}}, \quad \boxed{\frac{e^x}{e^y} = e^{x-y}}, \quad \boxed{\sqrt{e^x} = e^{\frac{x}{2}}}, \quad \boxed{(e^x)^n = e^{nx}}.$$

$$\boxed{(\mathrm{e}^x = \mathrm{e}^y) \Leftrightarrow (x = y)}, \quad \boxed{(\mathrm{e}^x > \mathrm{e}^y) \Leftrightarrow (x > y)}.$$

$$\boxed{e^{(x_1 + x_2 + \ldots + x_n)} = e^{x_1} \times e^{x_2} \times \ldots \times e^{x_n}} \text{ ou } \boxed{e^{\sum_{i=1}^{n} x_i} = \prod_{i=1}^{n} e^{x_i}}.$$

Les limites

$$\boxed{\begin{array}{ll} \lim_{x \to +\infty} e^x = +\infty & \lim_{x \to -\infty} e^x = 0 \\ \lim_{x \to -\infty} x e^x = 0 & \lim_{x \to +\infty} \frac{e^x}{x^n} = +\infty \ (n \in \mathbb{N}) \\ \lim_{x \to -\infty} x^n e^x = 0 \ (n \in \mathbb{N}) & \lim_{x \to 0} \frac{e^x - 1}{x} = 1 \end{array}}$$

Propriétés de la fonction logarithme

- $\ln$ est l'unique primitive sur $]0; +\infty[$ de la fonction $x \mapsto \frac{1}{x}$ qui prend la valeur 0 en 1. $\boxed{\ln(x) = \int_1^x \frac{1}{t} \, \mathrm{d}t}$.
- $\ln$ est une fonction strictement croissante sur $]0; +\infty[$.

- Pour tous $x > 0$, $y > 0$:

$$\boxed{\ln(xy) = \ln(x) + \ln(y)}, \quad \boxed{\ln\left(\frac{1}{x}\right) = -\ln(x)},$$

$$\boxed{\ln\left(\frac{x}{y}\right) = \ln(x) - \ln(y)}, \quad \boxed{\ln(\sqrt{x}) = \frac{1}{2}\ln(x)},$$

$$\boxed{\ln(x^n) = n\ln(x)} \quad (n \in \mathbb{Z}).$$

$$\boxed{(\ln(x) = \ln(y)) \Leftrightarrow (x = y)}, \quad \boxed{(\ln(x) < \ln(y)) \Leftrightarrow (x < y)}.$$

$$\boxed{\ln(x_1 \times x_2 \times ... \times x) = \ln(x_1) + \ln(x_2) + ... + \ln(x_n)}.$$

Autrement dit $\boxed{\ln\left(\prod_{i=1}^{n} x_i\right) = \sum_{i=1}^{n} \ln(x_i)}$.

Les limites

$$\boxed{\begin{array}{ll} \lim_{x \to +\infty} \ln(x) = +\infty & \lim_{x \to 0^+} \ln(x) = -\infty \\ \lim_{x \to +\infty} \frac{\ln(x)}{x^n} = 0 \ (n \in \mathbb{N}^*) & \lim_{x \to 0} \frac{\ln(1+x)}{x} = 1 \\ \lim_{x \to 0} x^n \ln(x) = 0 \ (n \in \mathbb{N}^*) & \end{array}}$$

Logarithme décimal

La fonction **logarithme décimal** est la fonction notée $\log$ définie sur $\mathbb{R}_+^*$ par $\boxed{\log(x) = \frac{\ln(x)}{\ln(10)}}$.

Propriétés

$\log(10) = 1$. Pour tout entier naturel n, $\boxed{\log(10^n) = n\log(10)}$.

Fonction exponentielle de base a $(a > 0)$

La fonction $\exp_a$, définie sur $\mathbb{R}$ par $\exp_a(x) = e^{x\ln(a)}$, s'appelle la fonction exponentielle de base a. On écrit $\boxed{e^{x\ln(a)} = a^x}$.

Pour tous réels strictement positifs a et b, pour tous réels x et y, on a :

$$a^x \times a^y = a^{x+y} \qquad (a^x)^y = a^{xy} \qquad (ab)^x = a^x b^x$$
$$\frac{a^x}{a^y} = a^{x-y} \qquad \left(\frac{a}{b}\right)^x = \frac{a^x}{b^x}$$

Théorèmes

La fonction exponentielle de base a est dérivable sur $\mathbb{R}$ et, pour tout réel x, $\boxed{(\exp_a)'(x) = a^x \ln(a)}$.

• Si $a > 1$, la fonction exponentielle de base a est strictement croissante sur $\mathbb{R}$.

$$\boxed{\lim_{x \to -\infty} a^x = 0} \text{ et } \boxed{\lim_{x \to +\infty} a^x = +\infty}.$$

• Si $0 < a < 1$, la fonction exponentielle de base a est strictement décroissante sur $\mathbb{R}$.

$$\boxed{\lim_{x \to -\infty} a^x = +\infty} \text{ et } \boxed{\lim_{x \to +\infty} a^x = 0}.$$

La racine n-ième

Soit a un réel positif. On appelle racine n-ième de a, notée $\sqrt[n]{a}$, l'unique réel positif x tel que $x^n = a$.

Propriétés

$$\begin{cases} y = \sqrt[n]{x} \\ x \geq 0 \end{cases} \Leftrightarrow \begin{cases} x = y^n \\ y \geq 0 \end{cases}$$

• Pour tout réel positif a, $\boxed{\sqrt[n]{a} = a^{\frac{1}{n}}}$.

• Pour tous réels positifs x et y, on a :

$$\boxed{\sqrt[n]{xy} = \sqrt[n]{x}\sqrt[n]{y}} \text{ et } \boxed{\sqrt[n]{\frac{x}{y}} = \frac{\sqrt[n]{x}}{\sqrt[n]{y}} \quad (y > 0)}$$

• La fonction racine n-ième, $x \mapsto \sqrt[n]{x}$, est définie sur $\left[0; +\infty\right[$. Elle est continue et strictement croissante sur $\left[0; +\infty\right[$. $\lim_{x \to +\infty} \sqrt[n]{x} = +\infty$.

II. Les suites

1. *Le raisonnement par récurrence*

On considère une proposition $P(n)$ qui dépend d'un entier naturel n. Soit n_0 un entier naturel. Si $P(n_0)$ est vraie et si, pour tout entier naturel n supérieur ou égal à n_0, $P(n)$ vraie implique $P(n+1)$ vraie, alors $P(n)$ est vraie pour tout entier naturel n supérieur ou égal à n_0.

Remarque : Une démonstration par récurrence se fait donc en deux étapes.

L'initialisation : on montre que $P(n_0)$ est vraie.

L'hérédité : $P(n)$ vraie implique $P(n+1)$ vraie.

2. *Les généralités*

Définition

Une **suite numérique** est une fonction u définie sur $\mathbb{N}$ ou une partie de $\mathbb{N}$ et à valeurs dans $\mathbb{R}$.

Pour tout entier naturel n, $u(n)$ s'écrit u_n qui est un **terme** de la suite. La suite u s'écrit $(u_n)_{n\in\mathbb{N}}$.

Les différents types de suites

Soit f une fonction numérique.

- Suites définies explicitement : $u_n = f(n)$.
- Suites définies par une somme : $u_n = \sum_{k=0}^{n} f(k)$.
- Suites définies par récurrence : $u_{n+1} = f(u_n)$ et $u_0 \in \mathbb{R}$.

Définitions

- $(u_n)_{n\in\mathbb{N}}$ est **croissante** lorsque, pour tout entier naturel n, $u_{n+1} \geq u_n$.
- $(u_n)_{n\in\mathbb{N}}$ est **décroissante** lorsque, pour tout entier naturel n, $u_{n+1} \leq u_n$.
- $(u_n)_{n\in\mathbb{N}}$ est **constante** lorsque, pour tout entier naturel n, $u_{n+1} = u_n$.

- $(u_n)_{n\in\mathbb{N}}$ est **monotone** si, et seulement si, elle est croissante ou décroissante.
- $(u_n)_{n\in\mathbb{N}}$ est **majorée** s'il existe un réel M tel que, pour tout entier naturel n, $u_n \leq M$.
- $(u_n)_{n\in\mathbb{N}}$ est **minorée** s'il existe un réel m tel que, pour tout entier naturel n, $m \leq u_n$.
- $(u_n)_{n\in\mathbb{N}}$ est **bornée** si elle est majorée et minorée.
- Une suite $(u_n)_{n\in\mathbb{N}}$ est une suite **périodique** de période p $(p \in \mathbb{N}^*)$ lorsque pour tout entier naturel n, $u_{n+p} = u_n$.

3. *Les suites convergentes et les suites divergentes*

Définitions

- Une suite $(u_n)_{n\in\mathbb{N}}$ tend vers $+\infty$ (resp. $-\infty$) si, pour tout réel M, l'intervalle $[M;+\infty[$ (resp. $]-\infty;M]$) contient tous les termes de la suite à partir d'un certain rang. On écrit $\lim_{n\to+\infty} u_n = +\infty$ (resp. $\lim_{n\to+\infty} u_n = -\infty$).
- Une suite $(u_n)_{n\in\mathbb{N}}$ tend vers un réel l si tout intervalle ouvert contenant l contient tous les termes de la suite à partir d'un certain rang. On écrit $\lim_{n\to+\infty} u_n = l$. On dit que la suite est **convergente**. Une suite qui n'est pas convergente est dite **divergente**.

Théorèmes de comparaison

Soit $(u_n)_{n\in\mathbb{N}}$ et $(v_n)_{n\in\mathbb{N}}$ deux suites.

- Si $\lim_{n\to+\infty} v_n = +\infty$ et s'il existe un entier naturel n_0 tel que pour tout entier $n \geq n_0$, $u_n \geq v_n$, alors $\lim_{n\to+\infty} u_n = +\infty$.
- Si $\lim_{n\to+\infty} v_n = -\infty$ et s'il existe un entier naturel n_0 tel que pour tout entier $n \geq n_0$, $u_n \leq v_n$, alors $\lim_{n\to+\infty} u_n = -\infty$.

Théorème des gendarmes

Soit $(u_n)_{n\in\mathbb{N}}$, $(v_n)_{n\in\mathbb{N}}$ et $(w_n)_{n\in\mathbb{N}}$ trois suites.

Si $\lim\limits_{n\to+\infty} v_n = l$, $\lim\limits_{n\to+\infty} w_n = l$ et s'il existe un entier naturel n_0 tel que, pour tout entier $n \geq n_0$, $v_n \leq u_n \leq w_n$ alors $(u_n)_{n\in\mathbb{N}}$ converge et $\lim\limits_{n\to+\infty} u_n = l$.

Théorème de comparaison

Soit $(u_n)_{n\in\mathbb{N}}$ et $(v_n)_{n\in\mathbb{N}}$ deux suites.

Si $\lim\limits_{n\to+\infty} v_n = 0$ et s'il existe un réel l et un entier naturel n_0 tel que, pour tout entier $n \geq n_0$, $|u_n - l| \leq v_n$ alors $(u_n)_{n\in\mathbb{N}}$ converge et $\lim\limits_{n\to+\infty} u_n = l$.

Théorème

Soit $(u_n)_{n\in\mathbb{N}}$ la suite définie par $u_n = f(n)$ où f est une numérique définie sur $[0;+\infty[$. Si f a une limite en $+\infty$ (finie ou non) alors $(u_n)_{n\in\mathbb{N}}$ a la même limite.

Passage à la limite

Soit $(u_n)_{n\in\mathbb{N}}$ et $(v_n)_{n\in\mathbb{N}}$ sont deux suites convergentes. S'il existe un entier naturel n_0 tel que pour tout entier naturel n supérieur à n_0, $u_n \leq v_n$ alors $\lim\limits_{n\to+\infty} u_n \leq \lim\limits_{n\to+\infty} v_n$.

Remarque : s'il existe un entier naturel n_0 tel que pour tout entier naturel n supérieur à n_0, $u_n < v_n$ alors $\lim\limits_{n\to+\infty} u_n \leq \lim\limits_{n\to+\infty} v_n$. On garde des inégalités larges.

Théorèmes

Si $(u_n)_{n\in\mathbb{N}}$ est une suite croissante (respectivement décroissante) et convergente vers l alors $(u_n)_{n\in\mathbb{N}}$ est majorée (respectivement minorée) par l.

Si $(u_n)_{n\in\mathbb{N}}$ est une suite croissante (respectivement décroissante) et non majorée (respectivement minorée) alors $\lim\limits_{n\to+\infty} u_n = +\infty$ (respectivement $\lim\limits_{n\to+\infty} u_n = -\infty$).

Si $(u_n)_{n\in\mathbb{N}}$ est une suite croissante (respectivement décroissante) et majorée (respectivement minorée) alors $(u_n)_{n\in\mathbb{N}}$ converge.

4. *Les suites arithmétiques et les suites géométriques*

Suites arithmétiques

$(u_n)_{n\in\mathbb{N}}$ est une suite **arithmétique** s'il existe un réel r tel que, pour tout entier naturel n, $\boxed{u_{n+1} = u_n + r}$.
r s'appelle la **raison**.

Théorèmes

Si $(u_n)_{n\in\mathbb{N}}$ est une suite arithmétique de raison r alors, pour tout entier naturel n, $u_n = u_0 + nr$. D'une manière plus générale :

$$\boxed{u_m = u_p + (m-p)r} \text{ avec } m \geq p .$$

Si $(u_n)_{n\in\mathbb{N}}$ est une suite arithmétique de raison r alors, pour tout entier naturel n,

$$u_0 + u_1 + \ldots + u_n = \frac{(u_0 + u_n)(n+1)}{2} = \boxed{(n+1)u_0 + \frac{n(n+1)r}{2}}.$$

Plus généralement, $u_m + u_{m+1} + \ldots + u_n = \dfrac{(u_m + u_n)(n-m+1)}{2}$.

Cas particulier : $\boxed{1 + 2 + 3 + \ldots + n = \dfrac{n(n+1)}{2}}$.

Toute suite arithmétique de raison r avec $r > 0$ (respectivement $r < 0$) est croissante (respectivement décroissante) et diverge vers $+\infty$ (respectivement $-\infty$). Si $r = 0$ alors la suite est constante.

Suites géométriques

$(u_n)_{n\in\mathbb{N}}$ est une suite **géométrique** s'il existe un réel q tel que, pour tout entier naturel n, $\boxed{u_{n+1} = qu_n}$.
q s'appelle la **raison**.

Théorèmes

Si $(u_n)_{n\in\mathbb{N}}$ est une suite géométrique de raison q alors, pour tout entier naturel n, $u_n = u_0q^n$. D'une manière plus générale :

$$\boxed{u_m = u_pq^{m-p}} \text{ avec } m \geq p.$$

• Si $(u_n)_{n\in\mathbb{N}}$ est une suite géométrique de raison q différente de 1 alors $\boxed{u_0 + u_1 + ... + u_n = u_0\dfrac{1-q^{n+1}}{1-q}}$.

• Si $(u_n)_{n\in\mathbb{N}}$ est une suite géométrique de raison 1 alors $u_0 + u_1 + ... + u_n = (n+1)u_0$.

Cas particulier : $1 + q + q^2 + ... + q^n = \dfrac{1-q^{n+1}}{1-q}$ $(q \neq 1)$.

Toute suite géométrique de raison q avec $|q| < 1$ converge vers 0. Toute suite géométrique de raison q avec $|q| > 1$ ou $q = -1$ est divergente. Si $q = 1$ alors la suite est constante.

5. *Les suites adjacentes*

Définition

Deux suites $(u_n)_{n\in\mathbb{N}}$ et $(v_n)_{n\in\mathbb{N}}$ sont **adjacentes** si l'une est croissante, l'autre est décroissante et si $\lim\limits_{n\to+\infty}(u_n - v_n) = 0$.

Théorèmes

Si $(u_n)_{n\in\mathbb{N}}$ et $(v_n)_{n\in\mathbb{N}}$ sont adjacentes avec $(u_n)_{n\in\mathbb{N}}$ croissante et $(v_n)_{n\in\mathbb{N}}$ décroissante alors, pour tout entier naturel n, $u_n \leq v_n$.

Si $(u_n)_{n\in\mathbb{N}}$ et $(v_n)_{n\in\mathbb{N}}$ sont deux suites adjacentes alors elles convergent et elles ont la même limite.

III. Les équations différentielles

Théorèmes
Les solutions de l'équation différentielle $y' = ay$ $(a \in \mathbb{R})$ sont les fonctions $x \mapsto \lambda e^{ax}$ où λ est un réel quelconque.

Les solutions de l'équation différentielle $y' = ay + b$ $(a \in \mathbb{R}^*$ et $b \in \mathbb{R})$ sont les fonctions $x \mapsto \lambda e^{ax} - \frac{b}{a}$ où λ est un réel quelconque.

Soit (x_0, y_0) un couple de réels. Il existe une unique solution de l'équation différentielle $y' = ay + b$ vérifiant la condition initiale $y(x_0) = y_0$.

IV. L'intégration

1. *L'aire d'un domaine*

On note C_f la courbe représentative d'une fonction f dans un repère orthogonal (O, I, J). On appelle unité d'aire, l'aire du rectangle construit à partir des points O, I, J.

Définition

• Soit f une fonction continue et positive sur un intervalle $[a;b]$ $(a < b)$. On appelle **intégrale** de f entre a et b, notée $\int_a^b f(x)\,\mathrm{d}x$, l'aire de la surface délimitée par la courbe C_f, l'axe des abscisses et les deux droites d'équations $x = a$ et $x = b$. Les réels a et b s'appellent les **bornes** de l'intervalle.

- Si f est négative sur $\left[a;b\right]$, l'intégrale de f est l'opposée de l'aire de la surface délimitée par la courbe C_f, l'axe des abscisses et les deux droites d'équations $x = a$ et $x = b$.

Valeur moyenne d'une fonction

Soit f une fonction continue et positive sur un intervalle $\left[a;b\right]$ $(a < b)$. On appelle **valeur moyenne** de f entre a et b le réel $\dfrac{1}{b-a}\displaystyle\int_a^b f(x)\,\mathrm{d}x$.

2. *Les propriétés d'une intégrale*

Soit f et g deux fonctions continues sur un intervalle I.

Théorème

- Pour tout $a \in I$, $\boxed{\displaystyle\int_a^a f(x)\,\mathrm{d}x = 0}$.
- Pour tout $\left(a,b\right) \in I^2$, $\boxed{\displaystyle\int_a^b f(x)\,\mathrm{d}x = -\int_b^a f(x)\,\mathrm{d}x}$.

Relation de Chasles

Pour tout $\left(a,b,c\right) \in I^3$, $\boxed{\displaystyle\int_a^b f(x)\,\mathrm{d}x + \int_b^c f(x)\,\mathrm{d}x = \int_a^c f(x)\,\mathrm{d}x}$.

Linéarité de l'intégrale

Pour tout $\left(a,b\right) \in I^2$, pour tout $\lambda \in \mathbb{R}$,

$$\boxed{\int_a^b [f(x) + \lambda g(x)]\,\mathrm{d}x = \int_b^a f(x)\,\mathrm{d}x + \lambda \int_a^b g(x)\,\mathrm{d}x}.$$

Théorème

Soit f et g deux fonctions continues sur $\left[a;b\right]$ $(a \leq b)$.

- Si $f \geq 0$ sur $\left[a;b\right]$ alors $\boxed{\displaystyle\int_a^b f(x)\,\mathrm{d}x \geq 0}$.
- Si $f \geq g$ sur $\left[a;b\right]$ alors $\boxed{\displaystyle\int_a^b f(x)\,\mathrm{d}x \geq \int_a^b g(x)\,\mathrm{d}x}$.

Inégalité de la moyenne

- Si, pour tout x de $[a;b]$, $m \leq f(x) \leq M$ alors

$$\boxed{m(b-a) \leq \int_a^b f(x)\,\mathrm{d}x \leq M(b-a)}.$$

- Si, pour tout x de $[a;b]$, $|f(x)| \leq M$ alors

$$\boxed{\left|\int_a^b f(x)\,\mathrm{d}x\right| \leq M(b-a)}.$$

- Si, pour tout x appartenant à I, $|f(x)| \leq M$ alors, pour tout $(a,b) \in I \times I$, $\boxed{\left|\int_a^b f(x)\,\mathrm{d}x\right| \leq M|b-a|}$.

3. *Les primitives d'une fonction*

Définition

F est une **primitive** de la fonction f sur I lorsque F est dérivable sur I et, pour tout x appartenant à I, $F'(x) = f(x)$.

Théorèmes

Toute fonction continue sur I admet des primitives sur I.

Si f admet une primitive F sur I alors l'ensemble des primitives de f sur I est l'ensemble des fonctions $x \mapsto F(x) + \lambda$ où λ est un réel quelconque.

Soit f une fonction continue sur I et a un élément de I.
La fonction $F : x \mapsto \int_a^x f(t)\,\mathrm{dt}$ est l'unique primitive de f qui s'annule en a. F est dérivable sur I et $F' = f$.

Soit f une fonction continue sur I contenant les éléments a et b et F une primitive de f sur I.

$$\boxed{\int_a^b f(x)\,\mathrm{d}x = [F(x)]_a^b = F(b) - F(a)}.$$

4. *Les calculs de primitives*

Tableau des primitives

$f(x)$	$F(x)$	Validité
a	ax	$\mathbb{R}$
x^{α} $\alpha \in \mathbb{R} - \{-1\}$	$\dfrac{x^{\alpha+1}}{\alpha+1}$	$]0;+\infty[$
$\dfrac{1}{x}$	$\ln(x)$	$]0;+\infty[$
$\cos(x)$	$\sin(x)$	$\mathbb{R}$
$\sin(x)$	$-\cos(x)$	$\mathbb{R}$
$1+\tan^2(x)$	$\tan(x)$	$\left]-\dfrac{\pi}{2}+k\pi;\dfrac{\pi}{2}+k\pi\right[$ $k \in \mathbb{Z}$
e^{x}	e^{x}	$\mathbb{R}$

Fonction	Primitive	Validité
au'	au	
$u'+v'$	$u+v$	
$u'e^{u}$	e^{u}	
$\dfrac{u'}{u}$	$\ln\lvert u\rvert$	Intervalle où $u(x) \neq 0$
$u'u^{\alpha}$	$\dfrac{u^{\alpha+1}}{\alpha+1}$	Intervalle où $u(x) > 0$
$\dfrac{u'}{\sqrt{u}}$	$2\sqrt{u}$	Intervalle où $u(x) > 0$

Intégration par parties

Soit u et v deux fonctions dérivables sur $[a;b]$ dont les dérivées u' et v' sont continues sur $[a;b]$.

$$\int_a^b u(x)\,v'(x)\,\mathrm{d}x = [u(x)\,v(x)]_a^b - \int_a^b u'\mathrm{d}x)\,v(x)\quad x.$$

5. *Les calculs d'aires et de volumes*

Théorèmes

Soit f et g deux fonctions continues sur $[a;b]$ $(a \leq b)$.

Si $f \leq g$ sur $[a;b]$ alors l'aire du domaine délimité par les courbes C_f, C_g et les droites d'équations $x = a$ et $x = b$ est, en unités d'aire, $\int_a^b [g(x) - f(x)]\,\mathrm{d}x$.

L'espace est muni d'un repère orthonormé (O, I, J, K).
L'unité de volume est le volume du cube déterminé à partir des points O, I, J et K.
On considère un solide limité par les plans P_a et P_b d'équations $z = a$ et $z = b$ $(a \leq b)$.
On note $S(t)$ l'aire de la section du solide par le plan d'équation $z = t$ $(a \leq t \leq b)$. On suppose que S est une fonction continue sur $[a;b]$.

Le volume du solide est, en unités de volume, $\boxed{V = \int_a^b S(t)\,\mathrm{dt}}$.

Volumes

Volume d'un cylindre : $\boxed{V = \pi R^2 h}$.

Volume d'un cône : $\boxed{V = \dfrac{\pi R^2 h}{3}}$.

Volume d'une pyramide : $\boxed{V = \dfrac{Bh}{3}}$.

Volume d'un parallélépipède rectangle : $\boxed{V = L \times l \times h}$.

Volume d'une sphère : $\boxed{V = \dfrac{4}{3}\pi R^3}$.

GÉOMÉTRIE

I. La géométrie plane

1. *Les configurations usuelles*

a. *Les triangles*

Théorèmes

• Les trois **médiatrices** d'un triangle ABC sont concourantes en un point O appelé **centre du cercle circonscrit** au triangle.

• Les trois **médianes** d'un triangle sont concourantes en un point G appelé **centre de gravité** du triangle.

• Les trois **hauteurs** d'un triangle sont concourantes en un point H appelé **orthocentre** du triangle.

• Les trois **bissectrices** d'un triangle sont concourantes en un point I appelé **centre du cercle inscrit** dans le triangle.

Théorème de Pythagore

Si ABC est un triangle rectangle en A alors :

$$\boxed{BC^2 = AB^2 + AC^2}.$$

Réciproque du théorème de Pythagore

Si les côtés d'un triangle ABC vérifient $BC^2 = AB^2 + AC^2$ alors le triangle est rectangle en A.

Théorème de Thalès

Étant donnés deux droites (D) et (D') sécantes en A, M et N deux points de (D) distincts de A, M' et N' deux points de (D') distincts de A, si les droites (MM') et (NN') sont parallèles alors $\boxed{\dfrac{AM}{AN} = \dfrac{AM'}{AN'} = \dfrac{MM'}{NN'}}$.

Corollaire

Dans un triangle, si une droite passe par le milieu d'un côté et est parallèle à un second côté, alors elle coupe le troisième côté en son milieu.

Réciproque du théorème de Thalès

Étant donnés deux droites (D) et (D') sécantes en A, M et N deux points de (D) distincts de A, M' et N' deux points de (D') distincts de A, si $\dfrac{AM}{AN} = \dfrac{AM'}{AN'}$ et si les points A, M et N et les points A, M' et N' sont alignés dans le même ordre alors les droites (MM') et (NN') sont parallèles.

Corollaire

Dans un triangle, si une droite passe par les milieux de deux côtés, alors elle est parallèle au troisième côté.

Les relations métriques dans le triangle

Soit ABC un triangle. On note $a = BC$, $b = AC$, $c = AB$, $\widehat{A} = \widehat{BAC}$, $\widehat{B} = \widehat{ABC}$, $\widehat{C} = \widehat{BCA}$, R le rayon du cercle circonscrit et S l'aire du triangle.

- $a^2 = b^2 + c^2 - 2bc\cos\widehat{A}$
- $b^2 = a^2 + c^2 - 2ac\cos\widehat{B}$
- $c^2 = b^2 + a^2 - 2ba\cos\widehat{C}$
- $\dfrac{a}{\sin\widehat{A}} = \dfrac{b}{\sin\widehat{B}} = \dfrac{c}{\sin\widehat{C}} = 2R$
- $S = \dfrac{1}{2bc\sin\widehat{A}} = \dfrac{1}{2ac\sin\widehat{B}} = \dfrac{1}{2ab\sin\widehat{C}}$.

Les triangles isométriques

- Deux triangles sont **isométriques** lorsque leurs côtés sont, deux à deux, de même longueur.
- Deux triangles sont isométriques lorsque l'un est l'image de l'autre par une isométrie.

• Deux triangles isométriques ont leurs angles deux à deux de mêmes mesures.

Théorème

• Si deux triangles ont un angle égal compris entre deux côtés de même longueur, alors ils sont isométriques.

• Si deux triangles ont un côté égal adjacent à deux angles égaux deux à deux, alors ils sont isométriques.

Les triangles semblables

Deux triangles sont **semblables** lorsque les angles de l'un ont les mêmes mesures que les angles de l'autre.

Théorèmes

• Si deux triangles ont deux angles respectivement de même mesure alors ils sont semblables.

• Si deux triangles sont semblables alors les côtés opposés aux angles de même mesure sont proportionnels.

• Si deux triangles ont leurs côtés respectivement proportionnels alors ces triangles sont semblables.

• Si deux triangles ont un angle de même mesure compris entre deux côtés respectivement proportionnels alors ils sont semblables.

b. ***Les quadrilatères***

Le parallélogramme

Un **parallélogramme** est un quadrilatère dont les côtés opposés sont parallèles.

Théorèmes

Un parallélogramme possède les propriétés suivantes :

• Les côtés opposés sont isométriques.
• Les diagonales se coupent en leur milieu.
• Les angles opposés ont la même mesure.
• Deux angles consécutifs sont supplémentaires.

Le losange

Un **losange** est un parallélogramme dont deux côtés consécutifs sont isométriques.

Théorèmes

- Les quatre côtés d'un losange sont isométriques.
- Les diagonales d'un losange sont perpendiculaires.

Le rectangle

Un **rectangle** est un parallélogramme dont un angle est droit.

Théorèmes

- Les quatre angles d'un rectangle sont droits.
- Les diagonales d'un rectangle sont isométriques.

Le carré

Un **carré** est un rectangle et un losange. Il possède donc toutes les propriétés du rectangle et du losange.

c. *Le cercle*

Théorème de l'angle au centre

Dans un cercle, un **angle inscrit** égale la moitié de l'**angle au centre** associé (qui intercepte le même arc).

Théorème de l'angle inscrit

Dans un cercle deux angles inscrits qui interceptent le même arc sont égaux.

Théorème de l'angle droit

- Étant donné un cercle de diamètre $[AB]$, pour tout point M du cercle, différent de A et de B, le triangle AMB est rectangle en M.
- Le centre du cercle circonscrit à un triangle rectangle est le milieu de l'hypoténuse.

d. *Les aires*

Triangle : $\boxed{S = \dfrac{b \times h}{2}}$.

Trapèze : $\boxed{S = \dfrac{(B+b) \times h}{2}}$.

Parallélogramme : $\boxed{S = b \times h}$.

Disque : $\boxed{S = \pi \times R^2}$.

2. *Les vecteurs*

Théorèmes

Un vecteur $\vec{u}$ étant donné, quel que soit le point O, il existe un unique point M tel que $\overrightarrow{OM} = \vec{u}$.

Étant donnés quatre points A, B, C et D, on a l'équivalence suivante : $\left(\overrightarrow{AB} = \overrightarrow{DC}\right) \Leftrightarrow$ ($ABCD$ est un parallélogramme).

Relation de Chasles

Quels que soient les points A, B et C, on a :

$$\boxed{\overrightarrow{AB} + \overrightarrow{BC} = \overrightarrow{AC}}.$$

Remarque : $\overrightarrow{AD} = \overrightarrow{AB} + \overrightarrow{AC}$ si, et seulement si, $ABDC$ est un parallélogramme.

Propriétés de l'addition

Quels que soient les vecteurs $\vec{u}$, $\vec{v}$ et $\vec{w}$, on a :

- $\vec{u} + \vec{v} = \vec{v} + \vec{u}$ (l'addition est commutative)
- $\vec{u} + (\vec{v} + \vec{w}) = (\vec{u} + \vec{v}) + \vec{w}$ (l'addition est associative)
- $\vec{u} + \vec{0} = \vec{0} + \vec{u}$ ($\vec{0}$ est appelé l'élément neutre de l'addition)
- $\vec{u} + (-\vec{u}) = (-\vec{u}) + \vec{u} = \vec{0}$ ($-\vec{u}$ est l'opposé du vecteur $\vec{u}$)

Différence de deux vecteurs

Étant donnés deux vecteurs $\vec{u}$ et $\vec{v}$, $\vec{u} - \vec{v} = \vec{u} + (-\vec{v})$.

Propriétés de la multiplication par un réel

Quels que soient les vecteurs $\vec{u}$ et $\vec{v}$, quels que soient les réels α et β, on a :

- $(\alpha+\beta)\vec{u}=\alpha\vec{u}+\beta\vec{u}$
- $\alpha(\vec{u}+\vec{v})=\alpha\vec{u}+\alpha\vec{v}$
- $(\alpha\times\beta)\vec{u}=\alpha(\beta\vec{u})$
- $1\vec{u}=\vec{u}$

Colinéarité

Deux vecteurs non nuls $\vec{u}$ et $\vec{v}$ sont **colinéaires** si, et seulement si, il existe un réel non nul α tel que $\vec{u}=\alpha\vec{v}$.
Le vecteur $\vec{0}$ est colinéaire à tout vecteur.

Théorèmes

- Les points A, B et C sont alignés si, et seulement si, les vecteurs $\overrightarrow{AB}$ et $\overrightarrow{AC}$ sont colinéaires.
- Les droites (AB) et (CD) sont parallèles si, et seulement si, les vecteurs $\overrightarrow{AB}$ et $\overrightarrow{CD}$ sont colinéaires.

3. *La géométrie analytique*

Définitions

Une **base** $(\vec{i},\vec{j})$ est un couple de vecteurs non colinéaires.

Un **repère** $(O,\vec{i},\vec{j})$ est un triplet où O est un point du plan et $(\vec{i},\vec{j})$ une base.

Étant donnée une base du plan $(\vec{i},\vec{j})$, pour tout vecteur $\vec{u}$, il existe un unique couple (x,y) de réels tels que $\vec{u}=x\vec{i}+y\vec{j}$. (x,y) est le couple des **coordonnées** du vecteur $\vec{u}$ dans la base $(\vec{i},\vec{j})$.
On écrit $\vec{u}\begin{pmatrix}x\\y\end{pmatrix}$.

Étant donné un repère du plan $\left(O,\vec{i},\vec{j}\right)$, pour tout point M, il existe un unique couple (x,y) de réels tels que $\overrightarrow{OM} = x\vec{i} + y\vec{j}$. $\left(x,y\right)$ est le couple des coordonnées du point M dans le repère $\left(O,\vec{i},\vec{j}\right)$. On écrit $M\left(x,y\right)$.

Propriétés

Soit $\left(\vec{i},\vec{j}\right)$ une base. On pose $\vec{u}\begin{pmatrix}x\\y\end{pmatrix}$ et $\vec{v}\begin{pmatrix}x'\\y'\end{pmatrix}$.

$$\boxed{\left(\vec{u}=\vec{0}\right) \Leftrightarrow (x=0 \text{ et } y=0)}.$$

$$\boxed{\left(\vec{u}=\vec{v}\right) \Leftrightarrow \left(x=x' \text{ et } y=y'\right)}.$$

$$\boxed{\vec{u}+\vec{v}\begin{pmatrix}x+x'\\y+y'\end{pmatrix}},\ \boxed{\alpha\vec{u}\begin{pmatrix}\alpha x\\\alpha y\end{pmatrix}}\ (\alpha\in\mathbb{R}),\ \boxed{\vec{u}-\vec{v}\begin{pmatrix}x-x'\\y-y'\end{pmatrix}}.$$

Soit $\left(O,\vec{i},\vec{j}\right)$ un repère du plan.

On pose $A\left(x_A,y_A\right)$ et $B\left(x_B,y_B\right)$. On a alors $\boxed{\overrightarrow{AB}\begin{pmatrix}x_B-x_A\\y_B-y_A\end{pmatrix}}$.

Si I est le milieu de $[AB]$ alors $\boxed{I\left(\dfrac{x_A+x_B}{2},\dfrac{y_A+y_B}{2}\right)}$.

Condition de colinéarité

Soit $\left(\vec{i},\vec{j}\right)$ une base. On pose $\vec{u}\begin{pmatrix}x\\y\end{pmatrix}$ et $\vec{v}\begin{pmatrix}x'\\y'\end{pmatrix}$.

$\vec{u}$ et $\vec{v}$ sont colinéaires si, et seulement si, $xy'-x'y=0$.

$xy'-x'y$ est appelé le **déterminant** des vecteurs $\vec{u}$ et $\vec{v}$.

On le note $\det\left(\vec{u},\vec{v}\right)$.

On écrit $\boxed{\det\left(\vec{u},\vec{v}\right)=\begin{vmatrix}x & x'\\y & y'\end{vmatrix}=xy'-x'y}$.

Équations de droites

Soit $\left(O,\vec{i},\vec{j}\right)$ un repère du plan.

• Toute droite du plan admet une **équation cartésienne** de la forme $\boxed{ax+by+c=0}$ avec $(a,b)\neq(0,0)$.

• Réciproquement, toute équation de la forme $ax+by+c=0$ avec $(a,b)\neq(0,0)$ est l'équation d'une droite.

Vecteur directeur

La droite d'équation $ax+by+c=0$ $(a,b)\neq(0,0)$ admet $\vec{u}\begin{pmatrix}-b\\a\end{pmatrix}$ comme **vecteur directeur**.

Équation réduite d'une droite

Soit $(O,\vec{i},\vec{j})$ un repère du plan. Toute droite du plan admet une équation de la forme : $\boxed{y=mx+p}$ appelée **équation réduite** ou de la forme : $\boxed{x=\alpha}$.

Vecteur directeur

• Si une droite a pour équation $y=mx+p$ alors un vecteur directeur de cette droite est $\vec{u}\begin{pmatrix}1\\m\end{pmatrix}$. m s'appelle le **coefficient directeur** ou la **pente** de la droite.

• Si une droite a pour équation $x=\alpha$ $(\alpha\in\mathbb{R})$ alors un vecteur directeur est $\vec{j}\begin{pmatrix}0\\1\end{pmatrix}$.

Parallélisme de deux droites

• Soit (D) et (D') deux droites d'équations : $ax+by+c=0$ et $a'x+b'y+c'=0$. $\boxed{(D)\parallel(D')\Leftrightarrow ab'-a'b=0}$.

• Soit (D) et (D') deux droites d'équations : $y=mx+p$ et $y=m'x+p'$. $\boxed{(D)\parallel(D')\Leftrightarrow m=m'}$.

4. *Le produit scalaire*

Définition

Pour tous vecteurs $\vec{u}$ et $\vec{v}$, $\boxed{\vec{u}.\vec{v}=\frac{1}{2}\left(\|\vec{u}+\vec{v}\|^2-\|\vec{u}\|^2-\|\vec{v}\|^2\right)}$.

Théorème

Pour tous vecteurs non nuls $\vec{u}$ et $\vec{v}$ tels que $\overrightarrow{AB} = \vec{u}$ et $\overrightarrow{AC} = \vec{v}$, $\boxed{\vec{u}.\vec{v} = AB \times AC \times \cos\left(\widehat{BAC}\right)}$.

Cas particulier : Si $\vec{u}$ et $\vec{v}$ sont colinéaires et de même sens alors $\vec{u}.\vec{v} = \|\vec{u}\| \times \|\vec{v}\|$. Si $\vec{u}$ et $\vec{v}$ sont colinéaires et de sens contraire alors $\vec{u}.\vec{v} = -\|\vec{u}\| \times \|\vec{v}\|$.

Propriétés

Pour tous vecteurs $\vec{u}$, $\vec{v}$ et $\vec{w}$, pour tout réel λ, on a :

$\vec{u}.\vec{v} = \vec{v}.\vec{u}$ (symétrie du produit scalaire)

$$\left.\begin{array}{l}(\lambda\vec{u}).\vec{v} = \lambda(\vec{u}.\vec{v})\\ (\vec{u}+\vec{v}).\vec{w} = \vec{u}.\vec{w} + \vec{v}.\vec{w}\\ \vec{u}.(\lambda\vec{v}) = \lambda(\vec{u}.\vec{v})\\ \vec{u}.(\vec{v}+\vec{w}) = \vec{u}.\vec{v} + \vec{u}.\vec{w}\end{array}\right\} \text{ bilinéarité du produit scalaire}$$

Définitions

- Le repère $(O,\vec{i},\vec{j})$ est orthogonal si $\vec{i}$ et $\vec{j}$ sont orthogonaux.
- Le repère $(O,\vec{i},\vec{j})$ est orthonormé (ou orthonormal) s'il est orthogonal et si $\vec{i}$ et $\vec{j}$ sont de norme 1.

Théorème

Soit $(O,\vec{i},\vec{j})$ un repère orthonormé, $\vec{u}\begin{pmatrix}x\\y\end{pmatrix}$ et $\vec{v}\begin{pmatrix}x'\\y'\end{pmatrix}$.

$$\boxed{\vec{u}.\vec{v} = xx' + yy'}.$$

Conséquences :

$$\boxed{\|\vec{u}\| = \sqrt{x^2 + y^2}} \quad \boxed{(\vec{u} \perp \vec{v}) \Leftrightarrow (xx' + yy' = 0)}$$

$$A(x_A, y_A) \text{ et } B(x_B, y_B), \boxed{AB = \sqrt{(x_B - x_A)^2 + (y_B - y_A)^2}}.$$

Équations de droites

Vecteur normal

Soit $\vec{n}$ un vecteur non nul. $\vec{n}$ est un **vecteur normal** à la droite de vecteur directeur $\vec{u}$ lorsque $\vec{u}.\vec{n} = 0$.

Théorème

Soit $\left(O, \vec{i}, \vec{j}\right)$ un repère orthonormé du plan.

- Si $\vec{n}\begin{pmatrix} a \\ b \end{pmatrix}$ est un vecteur normal à la droite (D) alors une équation de (D) est du type $ax + by + c = 0$.
- Réciproquement, toute équation de la forme $ax + by + c = 0$ avec $\left(a, b\right) \neq \left(0, 0\right)$ est l'équation d'une droite (D) et $\vec{n}\begin{pmatrix} a \\ b \end{pmatrix}$ est un vecteur normal à la droite (D).

Orthogonalité de deux droites

Soit $\left(O, \vec{i}, \vec{j}\right)$ un repère orthonormé du plan.

- Soit (D) et (D') deux droites d'équations : $ax + by + c = 0$ et $a'x + b'y + c' = 0$. (D) et (D') sont orthogonales si, et seulement si, $\boxed{aa' + bb' = 0}$.
- Soit (D) et (D') deux droites d'équations : $y = mx + p$ et $y = m'x + p'$. (D) et (D') sont orthogonales si, et seulement si, $\boxed{mm' = -1}$.

Distance d'un point à une droite

Le plan est rapporté à un repère orthonormé.

Soit $A\left(x_A, y_A\right)$, (D) la droite d'équation $ax + by + c = 0$ et H le projeté orthogonal de A sur (D). La distance du point A à la droite (D) est $\boxed{AH = \dfrac{\left|ax_A + by_A + c\right|}{\sqrt{a^2 + b^2}}}$.

Théorème de la médiane
Soit A et B deux points du plan et I le milieu de $[AB]$. Pour tout point M du plan, $MA^2 + MB^2 = 2MI^2 + \frac{AB^2}{2}$.
Autrement dit : Dans un parallélogramme la somme des carrés des côtés égale la somme des carrés des diagonales.

Caractérisation d'un cercle
Le cercle de diamètre $[AB]$ est l'ensemble des points M tels que $\overrightarrow{MA}.\overrightarrow{MB} = 0$.

Équation d'un cercle
Le cercle de centre $\Omega\left(x_\Omega, y_\Omega\right)$ et de rayon R admet comme équation cartésienne : $\boxed{(x - x_\Omega)^2 + (y - y_\Omega)^2 = R^2}$.

5. *Les transformations du plan*

a. *Les généralités*

Définitions
Une **transformation** du plan est une application du plan dans lui-même qui à tout point M associe un unique point M' et réciproquement tout point N' est l'image d'un unique point N.
Autrement dit : une transformation du plan est une bijection du plan.

On appelle **transformation réciproque** de la transformation f la transformation, notée f^{-1}, qui à tout point du plan associe son antécédent par f.

Isométrie
Une **isométrie** est une transformation qui conserve les distances.

Théorèmes

• La composée de deux isométries est une isométrie.

• La transformation réciproque d'une isométrie est une isométrie.

Définitions

• Un **déplacement** est une isométrie qui conserve les angles orientés.

• Un **antidéplacement** est une isométrie qui transforme un angle orienté en son opposé.

Théorèmes

• Tout déplacement est une translation ou une rotation.

• Tout antidéplacement est une réflexion ou une symétrie glissée.

• Toute isométrie qui a au moins trois points fixes non alignés est l'identité du plan.

• Toute isométrie qui a deux points fixes et qui n'est pas l'identité du plan est une réflexion.

• Toute isométrie qui a un unique point fixe est une rotation.

• Toute isométrie qui n'a pas de point fixe est une translation ou une symétrie glissée.

b. ***Les translations***

Définition

La **translation** de vecteur $\vec{u}$ est la transformation du plan qui à tout point M du plan associe le point M' tel que $\boxed{\overrightarrow{MM'} = \vec{u}}$.

Théorèmes

• Une translation est un déplacement (donc une isométrie).

• La transformation réciproque d'une translation de vecteur $\vec{u}$ est la translation de vecteur $-\vec{u}$.

• La composée de deux translations $t_{\vec{u}}$ et $t_{\vec{u}'}$ de vecteurs respectifs $\vec{u}$ et $\vec{u}'$ est la translation de vecteur $\vec{u}+\vec{u}'$. On écrit $t_{\vec{u}} \circ t_{\vec{u}'} = t_{\vec{u}'} \circ t_{\vec{u}} = t_{\vec{u}+\vec{u}'}$.

• La composée deux réflexions d'axes parallèles (D) et (D') est une translation.

• Toute translation se décompose en produit de deux réflexions d'axes parallèles.

c. *Les rotations*

Définition

On appelle **rotation** de centre Ω et d'angle θ la transformation qui au point O associe le point O et, à tout point M distinct de O, associe le point M' tel que $\begin{cases} \Omega M = \Omega M' \\ \left(\overrightarrow{\Omega M}, \overrightarrow{\Omega M'}\right) = \theta \ [2\pi] \end{cases}$.

Théorèmes

• Une rotation est un déplacement (donc une isométrie).

• La transformation réciproque de la rotation de centre Ω et d'angle θ est la rotation de centre Ω et d'angle $-\theta$.

• Soit M et N deux points distincts d'images respectives M' et N' par une rotation de centre Ω et d'angle θ. On a $\left(\overrightarrow{MN}, \overrightarrow{M'N'}\right) = \theta \ [2\pi]$.

• La composée de la rotation de centre Ω et d'angle θ et de la rotation de centre Ω et d'angle θ' est la rotation de centre Ω et d'angle $\theta + \theta'$.

• La composée de la rotation de centre Ω et d'angle θ et de la rotation de centre Ω' et d'angle θ' est :

- une rotation de centre Ω'' et d'angle $\theta + \theta'$ si $\theta + \theta' \neq 0 \ [2\pi]$
- une translation si $\theta + \theta' = 0 \ [2\pi]$.

• La composée de la rotation de centre Ω et d'angle non nul θ et d'une translation est une rotation d'angle θ .

Théorèmes

• La composée deux réflexions d'axes sécants est une rotation.

• Toute rotation se décompose en produit de deux réflexions d'axes sécants au centre de la rotation.

d. *Les réflexions*

Définition

On appelle **réflexion** (ou **symétrie axiale** ou **symétrie orthogonale**) d'axe (D) la transformation qui à tout point M de (D) associe le point M et qui, à tout point M n'appartenant pas à (D), associe le point M' tel que (D) soit la médiatrice de $[MM']$.

Théorèmes

• Une réflexion est un antidéplacement (donc une isométrie).

• La transformation réciproque de la réflexion d'axe (D) est la réflexion d'axe (D).

Remarque : En notant $s_{(D)}$ la réflexion d'axe (D), on a : $s_{(D)} \circ s_{(D)} = Id_P$.

e. *Les symétries glissées*

Définition

On appelle **symétrie glissée** d'axe (D) et de vecteur $\vec{u}$, $\vec{u}$ vecteur directeur de (D), la transformation $s = s_{(D)} \circ t_{\vec{u}}$ où $s_{(D)}$ est la réflexion d'axe (D) et $t_{\vec{u}}$ est la translation de vecteur $\vec{u}$.

Théorèmes

• $s_{(D)} \circ t_{\vec{u}} = t_{\vec{u}} \circ s_{(D)}$.

• Une symétrie glissée est un antidéplacement (donc une isométrie).

• La transformation réciproque de la symétrie glissée d'axe (D) et de vecteur $\vec{u}$ est la symétrie glissée d'axe (D) et de vecteur $-\vec{u}$.

f. *Les homothéties*

Définition

On appelle **homothétie** de centre Ω et de rapport k, réel non nul, la transformation qui à tout point M du plan associe le point M' du plan tel que $\boxed{\overrightarrow{\Omega M'} = k\overrightarrow{\Omega M}}$.

Théorèmes

• La transformation réciproque de l'homothétie de centre Ω et de rapport k est l'homothétie de centre Ω et de rapport $\frac{1}{k}$.

• Soit M et N deux points distincts d'images respectives M' et N' par l'homothétie de centre Ω et de rapport k. On a $\overrightarrow{M'N'} = k\overrightarrow{MN}$ donc $M'N' = |k|MN$.

Composée de deux homothéties

• La composée de l'homothétie de centre Ω et de rapport k et de l'homothétie de centre Ω et de rapport k' est l'homothétie de centre Ω et de rapport kk'.

• La composée de l'homothétie de centre Ω et de rapport k et de l'homothétie de centre Ω' et de rapport k' est :

• Une homothétie de rapport kk' si $kk' \neq 1$.

• Une translation si $kk' = 1$.

Composée d'une homothétie et d'une translation

La composée de l'homothétie de centre Ω et de rapport k et de la translation de vecteur $\vec{u}$ est une homothétie de rapport k.

g. *Les similitudes*

Définition

On appelle **similitude** plane de rapport k, réel strictement positif, toute transformation du plan qui multiplie les distances par k.

Remarques : Une homothétie de rapport k est une similitude de rapport $|k|$. Une isométrie est une similitude de rapport 1.

Théorèmes

- La composée de deux similitudes de rapport k et k' est une similitude de rapport kk'.
- La transformation réciproque d'une similitude de rapport k est une similitude de rapport $\frac{1}{k}$.

Propriétés

Toute similitude de rapport k :

- transforme une droite en une droite, un segment en un segment, un triangle en un triangle semblable.
- conserve le barycentre d'un système de points pondérés.
- conserve les angles géométriques.
- transforme un cercle de rayon R en un cercle de rayon kR.
- multiplie les aires par k^2.
- conserve le parallélisme, l'orthogonalité et le contact.

Définition

- On appelle **similitude directe** toute similitude qui conserve les angles orientés.
- On appelle **similitude indirecte** toute similitude qui transforme un angle orienté en son opposé.

Théorèmes

- La composée de deux similitudes directes ou de deux similitudes indirectes est une similitude directe.
- La composée d'une similitude directe et d'une similitude indirecte est une similitude indirecte.
- La réciproque d'une similitude directe est une similitude directe.

• La réciproque d'une similitude indirecte est une similitude indirecte.

Écriture complexe d'une similitude

Soit f une transformation qui à tout point M d'affixe z associe le point M' d'affixe z'.

• f est une similitude directe si, et seulement si, $\boxed{z' = az + b}$ où a et b sont deux complexes $(a \neq 0)$.

• f est une similitude indirecte si, et seulement si, $\boxed{z' = a\overline{z} + b}$ où a et b sont deux complexes $(a \neq 0)$.

Théorème

Toute similitude directe est, soit une translation, soit la composée d'une rotation et d'une homothétie.

Forme réduite d'une similitude directe

Soit f une similitude directe qui n'est pas une translation.

• $f = h_{(\Omega,k)} \circ r_{(\Omega,\theta)} = r_{(\Omega,\theta)} \circ h_{(\Omega,k)}$ où $h_{(\Omega,k)}$ est l'homothétie de centre Ω et de rapport k et $r_{(\Omega,\theta)}$ est la rotation de centre Ω et d'angle θ.

• f possède un unique point fixe Ω appelé centre de la similitude.

• Pour tout point M distinct de Ω, on a $\left(\overrightarrow{\Omega M}, \overrightarrow{\Omega M'}\right) = \theta \ [2\pi]$.

• f est appelée la **similitude directe de centre** Ω, d'**angle** θ et de **rapport** k.

• Pour tout couple (A,B) de points distincts, $\left(\overrightarrow{AB}, \overrightarrow{f(A)f(B)}\right) = \theta \ [2\pi]$.

Théorème

Soit A, B, C et D quatre points du plan tels que $A \neq B$ et $C \neq D$. Il existe une unique similitude directe f telle que : $f(A) = C$ et $f(B) = D$.

Écriture complexe d'une similitude directe

Soit f une transformation qui à tout point M d'affixe z associe le point M' d'affixe z' tel que :

$$\boxed{z' = az + b} \ (a \neq 0)$$

- Si a est réel alors :
  - Si $a = 1$ alors f est la translation de vecteur d'affixe b.
  - Si $a \neq 1$ alors f est l'homothétie de centre Ω d'affixe ω $\left(\omega = \dfrac{b}{1-a}\right)$ et de rapport a.
- Si a est un complexe non réel.
  - Si $|a| = 1$ alors f est la rotation de centre Ω d'affixe ω $\left(\omega = \dfrac{b}{1-a}\right)$ et d'angle $\arg(a)$.
  - Si $|a| \neq 1$ alors f est la similitude directe de centre Ω d'affixe ω $\left(\omega = \dfrac{b}{1-a}\right)$, d'angle $\theta = \arg(a)$ et de rapport $k = |a|$.

Théorème

Toute similitude indirecte peut s'écrire comme composée d'une similitude directe et d'une réflexion.

II. *La géométrie dans l'espace*

1. *Le barycentre*

Définition

On appelle **barycentre** de l'ensemble de points pondérés $\{(A_1, \alpha_1), \dots, (A_n, \alpha_n)\}$ avec $\sum_{i=1}^{n} \alpha_i \neq 0$, l'unique point G de l'espace tel que : $\alpha_1 \overrightarrow{GA_1} + \dots + \alpha_n \overrightarrow{GA_n} = \vec{0}$.

Définition

On appelle **isobarycentre** des points $A_1,\dots, A_n$, le barycentre des points $A_1,\dots, A_n$ affectés d'un même coefficient non nul.

Remarques : L'isobarycentre de deux points distincts A et B est le milieu de $[AB]$. L'isobarycentre de trois points non alignés A, B et C est le centre de gravité du triangle ABC.

Réduction d'une somme vectorielle

Soit $\{(A_1,\alpha_1),\dots,(A_n,\alpha_n)\}$ un ensemble de points pondérés.

- Si $\sum_{i=1}^{n}\alpha_i \neq 0$ alors, pour tout point M de l'espace, on a :

$$\boxed{\sum_{i=1}^{n}\alpha_i\overrightarrow{MA_i} = \left(\sum_{i=1}^{n}\alpha_i\right)\overrightarrow{MG}}$$

où G est le barycentre de $\{(A_1,\alpha_1),\dots,(A_n,\alpha_n)\}$.

- Si $\sum_{i=1}^{n}\alpha_i = 0$ alors $\sum_{i=1}^{n}\alpha_i\overrightarrow{MA_i}$ est un vecteur constant.

Coordonnées du barycentre

L'espace est muni d'un repère $\left(O,\vec{i},\vec{j},\vec{k}\right)$. Soit G le barycentre de $\{(A_1,\alpha_1),\dots,(A_n,\alpha_n)\}$, (x_i,y_i,z_i) les coordonnées de A_i et (x_G,y_G,z_G) les coordonnées de G. On a :

$$x_G = \frac{1}{\sum_{i=1}^{n}\alpha_i}\sum_{i=1}^{n}\alpha_i x_i,\ y_G = \frac{1}{\sum_{i=1}^{n}\alpha_i}\sum_{i=1}^{n}\alpha_i y_i \text{ et } z_G = \frac{1}{\sum_{i=1}^{n}\alpha_i}\sum_{i=1}^{n}\alpha_i z_i.$$

Propriété

On peut multiplier ou diviser par un même nombre non nul tous les coefficients d'un ensemble de points pondérés sans changer le barycentre.

Propriété d'associativité

Si G est le barycentre de $\{(A_1,\alpha_1),\dots,(A_n,\alpha_n)\}$ avec $\sum_{i=1}^{n}\alpha_i \neq 0$ et si H est le barycentre de $\{(A_1,\alpha_1),\ldots,(A_p,\alpha_p)\}$ $(1 < p < n)$ avec $\sum_{i=1}^{p}\alpha_i \neq 0$ alors G est le barycentre de :

$$\left\{\left(H,\sum_{i=1}^{p}\alpha_i\right),(A_{p+1},\alpha_{p+1}),\ldots,(A_n,\alpha_n)\right\}.$$

Caractérisation d'une droite

Soit A et B deux points distincts de l'espace. L'ensemble des barycentres des points A et B est la droite (AB).

Caractérisation d'un segment

Soit A et B deux points distincts de l'espace. L'ensemble des barycentres des points A et B affectés de coefficients de même signe est le segment $[AB]$.

Caractérisation d'un plan

Soit A, B et C trois points non alignés de l'espace.
L'ensemble des barycentres des points A, B et C est le plan (ABC).

Caractérisation d'un triangle

Soit A, B et C trois points non alignés de l'espace.
L'ensemble des barycentres des points A, B et C affectés de coefficients tous strictement positifs ou tous strictement négatifs est l'intérieur du triangle ABC.

2. *Le produit scalaire*

Définition

On utilise la définition du produit scalaire dans le plan.
Pour tous vecteurs non nuls $\vec{u}$ et $\vec{v}$ tels que $\overrightarrow{AB} = \vec{u}$ et $\overrightarrow{AC} = \vec{v}$, $\vec{u}.\vec{v} = AB \times AC \times \cos\left(\widehat{BAC}\right)$.

Propriétés

Toutes les propriétés du produit scalaire dans le plan s'appliquent dans l'espace.

Théorème

Soit $\left(O,\vec{i},\vec{j},\vec{k}\right)$ un repère orthonormé, $\vec{u}\begin{pmatrix}x\\y\\z\end{pmatrix}$ et $\vec{v}\begin{pmatrix}x'\\y'\\z'\end{pmatrix}$.

$$\boxed{\vec{u}.\vec{v} = xx' + yy' + zz'} \quad \boxed{\|\vec{u}\| = \sqrt{x^2 + y^2 + z^2}}.$$

$$\boxed{\left(\vec{u} \perp \vec{v}\right) \Leftrightarrow \left(xx' + yy' + zz' = 0\right)}$$

$$\boxed{AB = \sqrt{\left(x_B - x_A\right)^2 + \left(y_B - y_A\right)^2 + \left(z_B - z_A\right)^2}}.$$

3. *L'orthogonalité et le parallélisme dans l'espace*

Vecteurs orthogonaux

Deux vecteurs de l'espace sont orthogonaux si, et seulement si, leur produit scalaire est nul. $\boxed{\vec{u} \perp \vec{v} \Leftrightarrow \vec{u}.\vec{v} = 0}$.

Définition

- Deux droites de l'espace sont orthogonales si, et seulement si, leurs vecteurs directeurs sont orthogonaux.
- Une droite est orthogonale à un plan si, et seulement si, elle est orthogonale à deux droites sécantes du plan.

Théorème

Si une droite est orthogonale à un plan alors elle est orthogonale à toutes les droites de ce plan.

Vecteur normal

Soit $\vec{u}$ un vecteur non nul de l'espace.

$\vec{u}$ est un vecteur **normal** au plan P si, et seulement si, il est orthogonal à tous les vecteurs du plan.

Définition

Deux plans sont perpendiculaires si, et seulement si, l'un contient une droite orthogonale à l'autre.

Théorème

Deux plans sont perpendiculaires si, et seulement si, un vecteur normal à un plan est orthogonal à un vecteur normal à l'autre plan.

Définition

Deux plans sont parallèles s'ils admettent un même vecteur normal.

Théorème

L'intersection de deux plans non parallèles est une droite.

Droites coplanaires

Deux droites sont coplanaires si elles sont incluses dans un même plan.

Définition

Une droite est parallèle à un plan si, et seulement si, un vecteur directeur de la droite est orthogonal à un vecteur normal au plan.

4. *Les équations d'un plan*

L'espace est rapporté à un repère orthonormé.

Théorèmes

- Tout plan admet une **équation cartésienne** du type $\boxed{ax+by+cz+d=0}$ où $(a,b,c)\neq(0,0,0)$.

- Réciproquement, toute équation $ax+by+cz+d=0$ où $(a,b,c)\neq(0,0,0)$ est celle d'un plan admettant $\vec{u}\begin{pmatrix}a\\b\\c\end{pmatrix}$ comme vecteur normal.

- L'espace est rapporté à un repère orthonormé.

Soit $A\left(x_A, y_A, z_A\right)$, P le plan d'équation $ax+by+cz+d=0$ et H

le projeté orthogonal de A sur P. La distance du point A au plan P est $\boxed{AH = \dfrac{|ax_A + by_A + cz_A + d|}{\sqrt{a^2 + b^2 + c^2}}}$.

Définition
Le plan médiateur du segment $[AB]$ est le plan passant par le milieu de $[AB]$ et perpendiculaire à la droite (AB).

5. *Les droites de l'espace*

Système d'équations cartésiennes d'une droite
Toute droite de l'espace peut être définie comme l'intersection de deux plans d'équations respectives $ax + by + cz + d = 0$ et $a'x + b'y + c'z + d' = 0$. Un **système d'équations cartésiennes** de la droite est alors $\boxed{\begin{cases} ax + by + cz + d = 0 \\ a'x + b'y + c'z + d' = 0 \end{cases}}$.

Système de représentations paramétriques d'une droite
Toute droite de l'espace peut être définie par un point et un vecteur directeur. Une **représentation paramétrique** de la droite passant par le point $A(x_A, y_A, z_A)$ et de vecteur directeur $\vec{u}\begin{pmatrix} a \\ b \\ c \end{pmatrix}$ est $\boxed{\begin{cases} x = x_A + at \\ y = y_A + bt \\ z = z_A + ct \end{cases} \quad (t \in \mathbb{R})}$.

6. *Les surfaces*

Cylindre d'axe (Oz)
Une équation du **cylindre** d'axe (Oz) et de rayon R est $\boxed{x^2 + y^2 = R^2}$.

Sections d'un cylindre d'axe (Oz)

• La section du cylindre d'axe (Oz) et de rayon R par le plan P d'équation $z = a$ est le cercle de centre $\Omega\,(0, 0, a)$ et de rayon R contenu dans le plan P.

• La section du cylindre d'axe (Oz) et de rayon R par le plan P d'équation $x = a$ ou $y = a$ est la réunion de deux droites parallèles à (Oz) ou bien une droite parallèle à (Oz) ou bien l'ensemble vide.

Cône d'axe (Oz)

Une équation du **cône** de sommet O et d'axe (Oz) est $\boxed{x^2 + y^2 = \lambda z^2}$.

Soit A un point du cône distinct de O. La droite (AO) est une **génératrice** du cône.

Sections d'un cône d'axe (Oz)

• La section du cône d'axe (Oz) et de sommet O par le plan P d'équation $z = a$ est le point O ou bien un cercle de centre $\Omega\,(0,0,a)$ appartenant à (Oz) et contenu dans le plan P.

• La section du cône d'axe (Oz) et de sommet O par le plan P d'équation $x = a$ ou $y = a$ est la réunion de deux droites sécantes en O ou bien une hyperbole.

Paraboloïde d'axe (Oz)

Une équation du **paraboloïde** d'axe (Oz) est $\boxed{x^2 + y^2 = z}$.

Sections d'un paraboloïde d'axe (Oz)

• La section du paraboloïde d'axe (Oz) d'équation $x^2 + y^2 = z$ par le plan P d'équation $z = a$ est un cercle de centre Ω appartenant à (Oz) et contenu dans le plan P ou bien le point O ou bien l'ensemble vide.

• La section du paraboloïde d'axe (Oz) d'équation $x^2 + y^2 = z$ par le plan P d'équation $x = a$ ou $y = a$ est une parabole contenu dans le plan P et d'axe (Oz).

Paraboloïde hyperbolique

La surface d'équation $\boxed{z = xy}$ est un **paraboloïde hyperbolique**.

Sections d'un paraboloïde hyperbolique

• La section du paraboloïde hyperbolique d'équation $z = xy$ par le plan P d'équation $z = a$ est une hyperbole ou bien la réunion des droites (Ox) et (Oy).

• La section du paraboloïde hyperbolique d'équation $z = xy$ par le plan P d'équation $x = a$ ou $y = a$ est une droite.

LES PROBABILITÉS

I. *Le dénombrement*

1. *Le langage des ensembles*

Définition

Soit A et B deux **sous-ensembles** (**parties**) d'un ensemble E.

$$\boxed{A \cup B = \{x \in E ; x \in A \text{ ou } x \in B\}} \quad \boxed{A \cap B = \{x \in E ; x \in A \text{ et } x \in B\}}$$

$$\boxed{\overline{A} = \{x \in E ; x \notin A\}}$$

Remarque : $A \cup \overline{A} = E$, $A \cap \overline{A} = \varnothing$.

Définition

On note $P(E)$ l'ensemble de toutes les parties de E.

Partition de E

Les parties $A_1, \ldots, A_n$ de E forment une **partition** de E si, et seulement si, elles sont disjointes deux à deux et leur réunion égale E.

Produit cartésien

On appelle **produit cartésien** des deux ensembles E et F, l'ensemble de couples (x, y) où $x \in E$ et $y \in F$.

On écrit $\boxed{E \times F = \{(x, y) ; x \in E \text{ et } y \in F\}}$.

Remarque : $E_1 \times \ldots \times E_n = \{(x_1, \ldots, x_n) ; \forall i \in [\![1, n]\!], x_i \in E_i\}$

Un élément de $E_1 \times \ldots \times E_n$ s'appelle un $n -$ **uplet**.

Cas particulier : Un élément de $E \times \ldots \times E = E^n$ s'appelle une $n -$ **liste**.

Le cardinal d'un ensemble

On appelle **cardinal** d'un ensemble fini E le nombre d'éléments de cet ensemble. On le note $\mathrm{Card}E$.

Remarque : Si $P(E)$ est l'ensemble de toutes les parties de E alors $\boxed{\mathrm{Card}(P(E)) = 2^{\mathrm{Card}(E)}}$.

Propriété

$\boxed{\mathrm{Card}(A \cup B) = \mathrm{Card}(A) + \mathrm{Card}(B) - \mathrm{Card}(A \cap B)}$.

Remarque : Si A et B sont deux ensembles disjoints alors $\mathrm{Card}(A \cup B) = \mathrm{Card}(A) + \mathrm{Card}(B)$.

Cardinal du produit cartésien

$\boxed{\mathrm{Card}(E_1 \times ... \times E_n) = \mathrm{Card}(E_1) \times ... \times \mathrm{Card}(E_n)}$.

2. *Le dénombrement des* n *– listes*

Théorème

Soit A un ensemble et p un entier naturel non nul. On a :

$$\boxed{\mathrm{Card}(A^p) = (\mathrm{Card}\,A)^p}$$

3. *Le dénombrement des arrangements*

Définition

Un **arrangement** de p éléments de E est une p – liste d'éléments deux à deux distincts de E. Le nombre d'arrangements de p éléments de E est : $\boxed{n(n-1)...(n-p+1) = \dfrac{n!}{(n-p)!}}$.

Remarque : Pour tout entier naturel non nul n, on a : $n! = n(n-1) \times ... \times 2 \times 1$ et $0! = 1$.

Définition

Une **permutation** des n éléments de A est un arrangement de n éléments de A. Le nombre de permutations de A est $n!$.

4. *Le dénombrement des combinaisons*

Définition

Une **combinaison** de p éléments de E est une partie de E ayant p éléments.

Le nombre de combinaisons de p éléments de E est noté $\binom{n}{p}$.

Formule

Pour tout entier naturel n, pour tout p appartenant à $[\![0,n]\!]$,

$$\boxed{\binom{n}{p} = \frac{n!}{p!(n-p)!}}.$$

Propriétés

$$\boxed{\binom{n}{0} = 1, \binom{n}{1} = n, \binom{n}{n} = 1, \binom{n}{p} = \binom{n}{n-p}}$$

Relation de Pascal

Pour tout $n \in \mathbb{N}^*$, pour tout $p \in [\![1,n-1]\!]$,

$$\boxed{\binom{n}{p} = \binom{n-1}{p} + \binom{n-1}{p-1}}.$$

Triangle de Pascal

n \ p	0	1	2	3	4	5	6	7
0	1							
1	1	1						
2	1	2	1					
3	1	3	3	1				
4	1	4	**6**	**4**	1			
5	1	5	10	**10**	5	1		
6	1	**6**	**15**	20	15	6	1	
7	1	7	**21**	35	35	21	7	1

Le binôme de Newton

Soit a, b deux complexes et n un entier naturel non nul.

$$\sum_{k=0}^{n} \binom{n}{k} a^{n-k} b^{k} = \sum_{k=0}^{n} \binom{n}{k} a^{k} b^{n-k} = (a+b)^{n}$$

II. *Les probabilités*

1. *Le langage des probabilités*

Définitions

On considère une expérience aléatoire.

- L'ensemble des résultats, noté Ω, s'appelle l'**univers**.
- Un résultat s'appelle un **événement élémentaire**.
- Un sous-ensemble de l'univers est un **événement**.
- L'**événement impossible** est l'ensemble vide.
- L'**événement certain** est l'univers.
- Deux événements A et B sont **incompatibles** lorsque $A \cap B = \varnothing$.
- Deux événements A et B sont **contraires** lorsque $A \cap B = \varnothing$ et $A \cup B = \Omega$. On écrit $B = \overline{A}$.

Une probabilité est une application P de $P(\Omega)$ dans $[0;1]$ telle que :

- $P(\Omega) = 1$
- Pour tout couple (A,B) de $P(\Omega) \times P(\Omega)$ tel que $A \cap B = \varnothing$, $P(A \cup B) = P(A) + P(B)$.

Propriétés

- $P(\overline{A}) = 1 - P(A)$
- $P(\varnothing) = 0$
- $P(A \cup B) = P(A) + P(B) - P(A \cap B)$.

Équiprobabilité

On dit qu'il y a **équiprobabilité** des événements élémentaires quand tous les événements élémentaires ont la même probabilité.

On a alors $\boxed{P(A) = \dfrac{\mathrm{Card}(A)}{\mathrm{Card}(\Omega)}}$.

2. *Les probabilités conditionnelles*

Définitions

On dit que les événements A et B sont **indépendants** si, et seulement si, $P(A \cap B) = P(A) \times P(B)$.

On appelle **probabilité conditionnelle** de B sachant A où A est un événement de probabilité non nulle, la probabilité que B soit réalisé sachant que A est réalisé. On la note $P(B/A)$ ou $P_A(B)$.

Propriétés

$$\boxed{P_A(B) = \frac{P(A \cap B)}{P(A)}} \ (P(A) \neq 0).$$

$$\boxed{P_A(B)P(A) = P_B(A)P(B)}.$$

Partition d'un ensemble

On dit que les événements $A_1, \ldots, A_n$ constituent une **partition** de Ω lorsque :

- Chaque A_i a une probabilité non nulle.
- Les événements A_i sont deux à deux incompatibles.
- La réunion des événements A_i égale Ω.

Formule des probabilités totales

Soit $A_1, \ldots, A_n$ une partition de Ω. Pour tout événement B de Ω, on a : $\boxed{P(B) = P_{A_1}(B)P(A_1) + \ldots + P_{A_n}(B)P(A_n)}$.

3. *Les variables aléatoires discrètes*

Définition

Soit Ω un univers fini muni d'une probabilité P. On appelle variable aléatoire discrète sur Ω toute application X de Ω sur $\mathbb{R}$.

Notation : L'ensemble $\{\omega \in \Omega ; X(\omega) = x\}$ se note $(X = x)$.

L'ensemble $\{\omega \in \Omega ; X(\omega) \leq x\}$ se note $(X \leq x)$.

Loi de probabilité

Soit X une variable aléatoire sur Ω. On appelle **loi de probabilité** de X, l'application f de $\mathbb{R}$ dans $[0;1]$ définie par $f(x) = P(X = x)$.

Remarque : En général, on présente les résultats sous la forme d'un tableau. Notons $X(\Omega) = \{x_1; ...; x_n\}$.

x	x_1	x_2	...	x_{n-1}	x_n
$P(X = x)$	p_1	p_2	...	p_{n-1}	p_n

Espérance

Soit X une variable aléatoire sur Ω. On appelle **espérance** de X, notée $E(X)$, le réel : $\boxed{E(X) = \sum_{i=1}^{n} x_i P(X = x_i)}$.

Variance

Soit X une variable aléatoire sur Ω. On appelle **variance** de X, notée $V(X)$, le réel : $\boxed{V(X) = \sum_{i=1}^{n} (x_i - E(X))^2 P(X = x_i)}$

L'écart type

Soit X une variable aléatoire sur Ω. On appelle **écart type** de X, notée $\sigma(X)$, le réel $\boxed{\sigma(X) = \sqrt{V(X)}}$.

Loi uniforme

On dit que X suit une **loi uniforme discrète** sur Ω lorsque $X(\Omega)=\{x_1;...;x_n\}$ et $\boxed{P(X=x_1)=...=P(X=x_n)=\frac{1}{n}}$.

Loi de Bernoulli

On dit que X suit une **loi de Bernoulli** de paramètre p lorsque $X(\Omega)=\{0;1\}$, $\boxed{P(X=1)=p}$ et $\boxed{P(X=0)=1-p}$.

Théorème

Si X suit une **loi de Bernoulli** de paramètre p alors :

$\boxed{E(X)=p}$ et $\boxed{V(X)=p(1-p)}$.

Loi binomiale

On dit que X suit une **loi binomiale** de paramètres n et p lorsque $X(\Omega)=[\![0;n]\!]$ et, pour tout $k\in[\![0;n]\!]$, on a :

$$\boxed{P(X=k)=\binom{n}{k}p^k(1-p)^{n-k}}.$$

Théorème

Si X suit une **loi binomiale** de paramètres n et p alors :

$$\boxed{E(X)=np} \text{ et } \boxed{V(X)=np(1-p)}.$$

4. *Les variables aléatoires continues*

Définitions

Soit I un intervalle de $\mathbb{R}$. On appelle **densité de probabilité** sur I toute fonction f définie sur I telle que :

- f est continue sur I.
- Pour tout $x\in I$, $f(x)\geq 0$.
- $\int_I f(x)\,\mathrm{d}x=1$. Autrement dit : l'aire du domaine délimité par

l'axe des abscisses, la courbe représentative de f et l'intervalle I égale 1.

Soit X une variable aléatoire admettant une densité f sur l'intervalle $[a;b]$. On a $\boxed{P(a \leq X \leq b) = \int_a^b f(t)\,\mathrm{d}t}$.

On écrit aussi $\boxed{P([a;b]) = \int_a^b f(t)\,\mathrm{d}t}$. En généralisant, si I est un intervalle quelconque $\boxed{P(I) = \int_I f(x)\,\mathrm{d}x}$.

Une variable aléatoire X suit une **loi uniforme** sur $[a;b]$ si la densité de probabilité est une fonction constante égale à $\frac{1}{b-a}$.

Théorème

Si X suit une loi uniforme sur $[a;b]$ alors $\boxed{P(\alpha \leq X \leq \beta) = \frac{\beta - \alpha}{b - a}}$.

Définition

Une variable aléatoire X suit une **loi exponentielle** de paramètre λ, réel strictement positif, si la densité de probabilité est la fonction définie sur $\left[0;+\infty\right[$ par $f(x) = \lambda e^{-\lambda x}$.

Théorème

Si X suit une loi exponentielle de paramètre λ alors

$$\boxed{P(\alpha \leq X \leq \beta) = e^{-\lambda\alpha} - e^{-\lambda\beta}}.$$

ARITHMÉTIQUE

I. La division euclidienne

1. *La divisibilité*

Dans toute la suite, sauf avis contraire, nous parlerons d'entiers relatifs.

Définition

a est un **multiple** de b si, et seulement si, il existe un entier c tel que $a = bc$. On dit aussi que b **divise** a ou que b est un **diviseur** de a.

Propriété de la relation de divisibilité

- Si a divise b alors $|a| \leq |b|$.
- Si b divise a et si a divise b alors $a = b$ ou $a = -b$.
- Si a divise b et si b divise c alors a divise c.
- Si a divise b et si a divise c alors a divise toute combinaison linéaire de b et c.

Conséquence : Les seuls diviseurs de 1 sont 1 et -1.

2. *La division euclidienne*

Définition

Soit a un entier naturel et b un entier naturel non nul. Il existe un unique couple d'entiers naturels (q,r) tels que : $a = bq + r$ et $0 \leq r < b$. a s'appelle le **dividende**, b le **diviseur**, q le **quotient** et r le **reste**.

Extension : Soit a un entier relatif et b un entier relatif non nul. Il existe un unique couple d'entiers relatifs (q,r) tels que : $a = bq + r$ et $0 \leq r < |b|$.

3. *Les congruences*

Définition

Soit n un entier naturel non nul. a et b sont **congrus** modulo n si, et seulement si, a et b ont le même reste dans la division par n. On écrit $a \equiv b$ modulo n ou $a \equiv b \ (n)$.

Propriétés

- $a \equiv b \ (n) \Leftrightarrow b \equiv a \ (n)$.
- $a \equiv b \ (n) \Leftrightarrow b - a \equiv 0 \ (n)$
- $a \equiv b \ (n) \Leftrightarrow n$ divise $a - b$.
- Si $\begin{cases} a \equiv b \ (n) \\ b \equiv c \ (n) \end{cases}$ alors $a \equiv c \ (n)$.
- Si $a \equiv b \ (n)$ alors $ac \equiv bc \ (n)$.
- Si $\begin{cases} a \equiv b \ (n) \\ a' \equiv b' \ (n) \end{cases}$ alors $a + a' \equiv b + b' \ (n)$.
- Si $\begin{cases} a \equiv b \ (n) \\ a' \equiv b' \ (n) \end{cases}$ alors $a - a' \equiv b - b' \ (n)$.
- Si $\begin{cases} a \equiv b \ (n) \\ a' \equiv b' \ (n) \end{cases}$ alors $aa' \equiv bb' \ (n)$.
- Si $a \equiv b \ (n)$ alors $a^p \equiv b^p \ (n) \ (p \in \mathbb{N})$.

II. PGCD et PPCM

1. *Le PGCD*

Théorème et définition

Soit a et b deux entiers relatifs non nuls. L'ensemble des diviseurs communs à a et b admet un plus grand élément, on le note $\boxed{\text{PGCD}(a,b)}$ ou $\boxed{a \wedge b}$.

Définition

Deux entiers relatifs sont **premiers** entre eux si, et seulement si, leur PGCD est 1.

Théorèmes

Soit a et b deux entiers relatifs non nuls.

$\text{PGCD}(a,b) = d$ si, et seulement si, il existe deux entiers relatifs a' et b' premiers entre eux tels que $a = da'$ et $b = db'$.

Soit a, b, c et d quatre entiers relatifs tels que $a = bc + d$. On a alors $\text{PGCD}(a,b) = \text{PGCD}(b,d)$.

Algorithme d'Euclide

Soit a, b deux entiers relatifs non nuls. La suite $(r_n)_{n\in\mathbb{N}}$ définie par :

$r_0 = |b|$, r_1 est le reste de la division de a par b, si $r_1 \neq 0$ alors r_2 est le reste de la division euclidienne de b par r_1, si $r_2 \neq 0$ alors r_3 est le reste de la division euclidienne de r_1 par r_2,..., si $r_{n-1} \neq 0$ alors r_n est le reste de la division euclidienne de r_{n-2} par r_{n-1}. La suite $(r_n)_{n\in\mathbb{N}}$ est une suite finie. Le dernier reste non nul est $\text{PGCD}(a,b)$.

Propriétés

Soit a, b et k trois deux entiers relatifs non nuls.

$$\boxed{\text{PGCD}(ka,kb) = |k|\,\text{PGCD}(a,b)}.$$

Théorème

Soit a et b deux entiers relatifs non simultanément nuls. Il existe deux entiers relatifs u et v tels que :

$$\boxed{au + bv = \text{PGCD}(a,b)}.$$

Théorème de Bézout

a et b sont deux entiers premiers entre eux si, et seulement si, il existe deux entiers relatifs u et v tels que $\boxed{au + bv = 1}$.

Remarque : Pour déterminer u et v, on utilise l'algorithme d'Euclide.

Théorème de Gauss

Soit a, b et c trois entiers naturels non nuls. Si a divise bc et si a et b sont premiers entre eux alors a divise c.

Conséquences :

- Si $\begin{cases} a \text{ divise c} \\ \text{b divise c} \\ \text{PGCD}(a,b)=1 \end{cases}$ alors ab divise c.
- Si $\begin{cases} p \text{ premier} \\ p \text{ divise } ab \end{cases}$ alors p divise a ou p divise b.
- Si $\begin{cases} p \text{ premier} \\ \text{PGCD}(p,a)=1 \\ \text{PGCD}(p,b)=1 \end{cases}$ alors $\text{PGCD}(p,ab)=1$.

2. *Le PPCM*

Théorème et définition

Soit a et b deux entiers relatifs non nuls. L'ensemble des multiples strictement positifs communs à a et b admet un plus petit élément. On le note $\boxed{\text{PPCM}(a,b)}$ ou $\boxed{a \vee b}$.

Propriétés

Soit a, b et k trois entiers relatifs non nuls. On a :

$$\boxed{\text{PPCM}(ka,kb)=|k|\,\text{PPCM}(a,b)}.$$

Soit a et b deux entiers relatifs non nuls. On a :

$$\boxed{\text{PPCM}(a,b)\times\text{PGCD}(a,b)=|ab|}.$$

III. Les nombres premiers

Définition

Un nombre entier naturel p est **premier** s'il possède exactement deux diviseurs positifs 1 et p.

Théorèmes

Soit n un entier supérieur ou égal à 2.

- n admet au moins un diviseur premier.
- Si n n'est pas premier alors il admet au moins un diviseur premier p tel que $p \leq \sqrt{n}$.

Liste des cinquante premiers nombres premiers :

2	3	5	7	11	13	17	19	23	29
31	37	41	43	47	53	59	61	67	71
73	79	83	89	97	101	103	107	109	113
127	131	137	139	149	151	163	167	173	179
181	191	197	199	211	223	227	229	233	239

Il existe une infinité de nombres premiers.

Décomposition en produits de facteurs premiers

Tout entier naturel n supérieur ou égal à deux se décompose en produit de facteurs premiers. La décomposition est unique (à l'ordre des facteurs près).

Théorèmes

Soit $n = p_1^{\alpha_1}...p_r^{\alpha_r}$ où $p_1,...,$ p_r sont des nombres premiers et $\alpha_1,...,\alpha_r$ des entiers naturels non nuls. Les diviseurs de n sont les nombres de la forme $p_1^{\beta_1}...p_r^{\beta_r}$ où $0 \leq \beta_1 \leq \alpha_1,...,$ $0 \leq \beta_r \leq \alpha_r$.

Si $n = p_1^{\alpha_1}...p_r^{\alpha_r}$ alors le nombre de diviseurs de n $(n \geq 2)$ est :

$$\boxed{(\alpha_1 + 1)...(\alpha_r + 1)}.$$

Le PGCD de a et b est égal au produit des facteurs premiers communs, chacun d'eux étant affecté du plus petit exposant figurant dans la décomposition.

Le PPCM de a et b est égal au produit de tous les facteurs premiers figurant dans l'une ou l'autre de leurs décompositions, chacun d'eux étant affecté du plus grand exposant figurant dans la décomposition.

Petit théorème de Fermat
Si p est un nombre premier et a un entier naturel non divisible par p, alors $a^{p-1} - 1$ est divisible par p.

Corollaire
Si p est un nombre premier alors $a^p - a$ est divisible par p.

LES GRAPHES

I. Les généralités

Définitions

Un **graphe** non orienté est constitué d'un ensemble $S = \{s_1, \ldots, s_n\}$ de points appelés **sommets** et d'un ensemble $A = \{a_1, \ldots, a_n\}$ d'**arêtes**. À chaque arête sont associés deux éléments de S appelés **extrémités**.

Remarque : Si les extrémités d'une arête sont égales alors l'arête s'appelle une **boucle**.

Ordre

L'**ordre** d'un graphe est le nombre de ses sommets.

Graphe simple

Un graphe est dit **simple** si deux sommets distincts sont joints par au plus une arête et s'il est sans boucle.

Graphe complet

Un graphe simple est dit **complet** si tous ses sommets sont adjacents (reliés par une arête)

Le degré d'un sommet

- On appelle **degré** d'un sommet le nombre d'arêtes dont ce sommet est une extrémité.
- Un sommet est **pair** (resp. impair) si son degré est un nombre pair (resp. impair)

Remarque : les sommets d'un graphe complet d'ordre n sont tous de degré $n-1$.

Théorème

La somme des degrés de tous les sommets d'un graphe est égale à deux fois le nombre d'arêtes du graphe.

Corollaire : Dans un graphe le nombre de sommets de degré impair est toujours pair.

Les chaînes

- On appelle **chaîne** une suite finie débutant par un sommet s_0 et finissant par un sommet s_n, alternant sommets et arêtes de manière que chaque arête soit encadrée par ses extrémités.
- La chaîne est dite **fermée** lorsque $s_0 = s_n$.
- La **longueur de la chaîne** est égale au nombre d'arêtes qui la constituent.

Les cycles

Un **cycle** est une chaîne fermée dont toutes les arêtes sont distinctes.

Les graphes connexes

- Un graphe est **connexe** si deux sommets quelconques sont reliés par une chaîne.
- Dans un graphe connexe la **distance** entre deux sommets est la longueur de la plus courte chaîne qui peut les relier.
- Le **diamètre** d'un graphe connexe est la plus grande distance entre deux sommets.
- Une chaîne est **eulérienne** si elle contient une et une seule fois chaque arête du graphe.
- Si la chaîne est un cycle, on parle de **cycle eulérien**.

Théorème d'Euler

Un graphe connexe a une chaîne eulérienne si, et seulement si, il y a zéro ou deux sommets de degré impair.
Si tous les sommets sont de degré pair alors le graphe admet un cycle eulérien.

Les graphes orientés

Un graphe est **orienté** lorsque chaque arête est orientée.

II. Les graphes et les matrices

Définition

On appelle **matrice** d'un graphe la matrice (a_{ij}) où a_{ij} est le nombre d'arêtes joignant le sommet s_i au sommet s_j.
Remarque : La matrice d'un graphe non orienté est symétrique.

Théorème

Le nombre de chaînes de longueur n joignant le sommet s_i au sommet s_j dans un graphe de matrice A est donné par le coefficient de la $i-\text{ème}$ ligne et de la $j-\text{ème}$ colonne de la matrice A^n.

III. Le coloriage

Définitions

- Un **coloriage** d'un graphe consiste en l'attribution de couleurs aux sommets de telle manière que deux sommets voisins n'aient pas la même couleur.
- Le **nombre chromatique** d'un graphe est le nombre minimum de couleurs nécessaires à son coloriage.

IV. Les graphes probabilistes

Définitions

- Un **graphe étiqueté** est un graphe orienté dont les arêtes sont affectés d'étiquettes.
- Un **graphe pondéré** est un graphe étiqueté dont les étiquettes sont des nombres positifs.
- Le **poids** d'une chaîne dans un graphe pondéré est la somme des poids des arêtes qui la composent.
- Un **graphe probabiliste** est un graphe orienté, pondéré, telle que la somme des poids des arêtes partant de chaque sommet égale 1.

LES STATISTIQUES

I. Les statistiques à une variable

x_i	x_1	x_2	...	x_p
n_i	n_1	n_2	...	n_p

Effectif total $\boxed{N = \sum_{i=1}^{p} n_i}$. **Fréquence partielle** $\boxed{f_i = \frac{n_i}{N}}$.

Moyenne $\boxed{\overline{x} = \sum_{i=1}^{p} f_i x_i = \frac{1}{N} \sum_{i=1}^{p} n_i x_i}$.

Variance $\boxed{V(x) = \sum_{i=1}^{p} f_i \left(x_i - \overline{x}\right)^2 = \frac{1}{N} \sum_{i=1}^{p} n_i \left(x_i - \overline{x}\right)^2}$.

$$\boxed{V(x) = \left(\sum_{i=1}^{p} f_i x_i^2\right) - \overline{x}^2 = \left(\frac{1}{N} \sum_{i=1}^{p} n_i x_i^2\right) - \overline{x}^2}.$$

Écart-type $\boxed{\sigma = \sqrt{V}}$.

II. Les statistiques à deux variables

x_i	x_1	x_2	...	x_n
y_i	y_1	y_2	...	y_n

Point moyen $G\left(\overline{x}, \overline{y}\right)$ où $\overline{x} = \frac{1}{n} \sum_{i=1}^{n} x_i$ et $\overline{y} = \frac{1}{n} \sum_{i=1}^{n} y_i$.

Covariance $\boxed{\operatorname{cov}(x, y) = \frac{1}{n} \sum_{i=1}^{n} (x_i - \overline{x})(y_i - \overline{y}) = \frac{1}{n} \sum_{i=1}^{n} x_i y_i - \overline{x}\,\overline{y}}$.

Ajustement affine

La **droite d'ajustement affine** par la méthode des moindres carrés a pour équation : $y = ax + b$ avec $\boxed{a = \frac{\operatorname{cov}(x,y)}{V(x)}}$ et $\boxed{b = \overline{y} - a\overline{x}}$. La droite passe donc par le point moyen G.

Index

Librio

756

Composition PCA – 44400 Rezé
Achevé d'imprimer en France par Aubin
en septembre 2008 pour le compte de E.J.L.
87, quai Panhard-et-Levassor, 75013 Paris
Dépôt légal septembre 2008
1er dépôt légal dans la collection : février 2006
EAN 9782290352113

Diffusion France et étranger : Flammarion